职业教育课程创新精品系列教材

计算机组装与维护
（第2版）

主　编　杨智勇　龚啓军

副主编　卢晓慧　刘方涛　刘　宇

参　编　董钧钧　文俊浩　钟　勤
　　　　唐承辉

主　审　邓　荣

U0233901

北京理工大学出版社
BEIJING INSTITUTE OF TECHNOLOGY PRESS

内 容 简 介

本书以工作过程为导向，以实际任务为载体，遵循"易教、易学、易练、易用"原则，从计算机识别、选购、组装、应用与维护入手，以当前计算机硬件和软件最主流的技术（包括国产化相关技术）为内容，以任务导入提出问题，以相关知识分析问题，以任务实施解决问题，以技能拓展积累实践经验的思路构建课程内容。全书以任务驱动为主线介绍了计算机元件的识别、选购、装配、操作系统安装与应用、系统维护方法，辅以相应的理论知识和实训练习题，同步配套微课资源，内容新颖主流，图文并茂，深入浅出，适用于线上线下混合式教学模式。

本书不仅适合职业院校电子信息类、计算机类专业学生使用，也可供广大计算机爱好者参考。

图书在版编目（CIP）数据

计算机组装与维护 / 杨智勇，龚啓军主编 . -- 2 版
. -- 北京 : 北京理工大学出版社，2021.11（2022.8 重印）

ISBN 978-7-5763-0712-2

Ⅰ.①计… Ⅱ.①杨… ②龚… Ⅲ.①电子计算机 –
组装 – 教材②计算机维护 – 教材 Ⅳ.①TP30

中国版本图书馆 CIP 数据核字（2021）第 243395 号

出版发行 / 北京理工大学出版社有限责任公司
社　　　址 / 北京市海淀区中关村南大街 5 号
邮　　　编 / 100081
电　　　话 /（010）68914775（总编室）
　　　　　　（010）82562903（教材售后服务热线）
　　　　　　（010）68944723（其他图书服务热线）
网　　　址 / http://www.bitpress.com.cn
经　　　销 / 全国各地新华书店
印　　　刷 / 定州市新华印刷有限公司
开　　　本 / 889 毫米 × 1194 毫米　1/16
印　　　张 / 11　　　　　　　　　　　　　　　责任编辑 / 张荣君
字　　　数 / 212 千字　　　　　　　　　　　　文案编辑 / 张荣君
版　　　次 / 2021 年 11 月第 2 版　2022 年 8 月第 2 次印刷　　责任校对 / 周瑞红
定　　　价 / 42.00 元　　　　　　　　　　　　责任印制 / 边心超

前言

PREFACE

我们已经处于信息化的时代，计算机成为各行各业的必备工具，自己动手选购并组装计算机，处理常见的计算机系统故障是时代的要求，更是电子信息类专业学生必须具备的专业技能。为了让 IT 新手快速成长，课程组遵循理论知识"易教、易学、易练、易用"，以及"必需、够用"的原则，结合未来计算机发展的趋势，对计算机组装与维护课程进行了全新定位，在充分讨论、总结和实践的基础上，校企编者联合编写了本书。

本书结构特点

本书以工作过程为导向，以实际任务为载体，将理论和实践一体化，重构课程内容。在任务设计过程中，以任务导入提出问题，以相关知识分析问题，以任务实施解决问题，以任务拓展应用知识和技能为思路，让学生明白"为什么学"→"学什么"→"怎么学"→"怎么用"。本书分 15 个项目，覆盖计算机元件的识别、选购、组装、维护，以及操作系统、应用软件的安装使用，设计知识目标 35 个，技能目标 37 个，素质目标 75 个，技能拓展 37 项，利于培养学习者发现问题、分析问题、解决问题的能力，利于开展以学生为主体，教师为主导教学模式的实施。

本书学时安排

序号	项目	简介	建议学时
1	项目 1 认识计算机	介绍计算机的类型及外部接口	2
2	项目 2 认识中央处理器	介绍 CPU 的作用、类型及安装与维护	2
3	项目 3 认识内存	介绍内存的作用、类型及安装与维护	2
4	项目 4 认识主板	介绍主板的结构、类型及安装与维护	4
5	项目 5 认识外存器	介绍硬盘的作用、类型及安装与维护	2
6	项目 6 认识机箱与电源	介绍机箱的结构、电源的功率、接口及安装与维护	2
7	项目 7 认识 I/O 设备	介绍 I/O 设备类型及显卡的安装与维护	4

序号	项目	简介	建议学时
8	项目 8 计算机硬件系统安装	介绍计算机的整机安装与维护	6
9	项目 9 认识 BIOS	介绍 BIOS 类型、功能及作用	4
10	项目 10 系统启动盘的制作	介绍如何制作系统启动盘	2
11	项目 11 操作系统的安装	介绍如何安装 Windows 10、Mac OS、统信 UOS 操作系统	6
12	项目 12 操作系统的备份还原	介绍如何进行操作系统的备份、还原	4
13	项目 13 操作系统的应用	介绍操作系统的桌面图标、用户创建、密码修改等常见设置	4
14	项目 14 应用软件的安装	介绍常用的应用软件安装方法	2
15	项目 15 家用网络连接与设置	介绍家用网络的连接以及 WiFi 配置步骤等	2

　　本书提供 PPT 教学课件、教学计划、案例素材、实训任务答案等数字化教学资源，并建设了与本书配套的 MOOC 及 SPOC 课程。

　　本书由杨智勇、龚啓军主编并执笔，卢晓慧、刘方涛、刘宇任副主编，董钧钧、文俊浩、钟勤、唐承辉任参编。其中项目 1~5 由龚啓军编写，项目 8 由刘方涛编写，项目 9 由刘宇编写，项目 10~12 由杨智勇编写，项目 15 由卢晓慧编写，项目 7 由文俊浩编写，项目 13 由钟勤编写，项目 14 由唐承辉编写，董钧钧负责项目 6 和部分案例的编写。全书由邓荣教授审核。

　　由于计算机技术发展速度快，硬件更新换代时间短，加上编者水平有限，书中难免存在疏漏之处，敬请专家与读者批评指正。

编　者

CONTENTS

目录

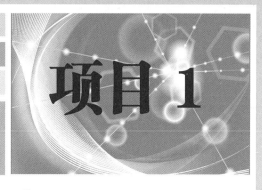

项目 1

认识计算机

学习目标

知识目标

- 说出计算机系统组成。
- 列举计算机的类型。

技能目标

- 能够拆解计算机外部设备。
- 能够维护计算机外部设备。

素质目标

- 培养学生动手操作的实干精神。
- 培养学生分析和解决问题的能力。
- 培养学生精益求精的工匠精神。
- 培养学生的爱国主义情怀、使命意识和担当精神。

1.1　项目内容及实施计划

1.1.1　项目描述

列举计算机的类型，并能够认识计算机外部接口。

1.1.2　项目实施计划

根据项目实施计划流程图，完成本项目的学习内容。

了解计算机　→　初识计算机　→　计算机维护

1.2　技能基础

1.2.1　计算机的定义

计算机（Computer）俗称电脑，是一种信息处理工具，是现代一种用于高速计算的电子计算机器，既可以进行数值计算，又可以进行逻辑计算，还具有存储记忆功能。计算机具有的功能包含：

- 信息的收集（信息获取）。
- 信息的储存（信息存储）。
- 信息的加工（信息处理）。
- 信息的传递（通信）。
- 信息的施用（展现与控制）。

认识计算机

1.2.2　计算机系统

计算机系统主要由硬件系统和软件系统组成，没有安装任何软件的计算机称为裸机。计算机硬件系统主要包括主机和外部设备，计算机软件系统包括系统软件和应用软件。计算机硬件系统是计算机系统中看得见、摸得着的设备部分，如图1-1所示。它主要是一些机械部件、电子元件及电子线路等。

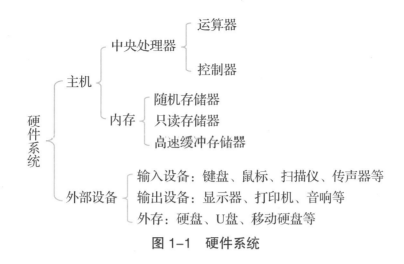

图 1-1　硬件系统

1.2.3　计算机的分类

计算机通常可分为超级计算机、网络计算机、工业控制计算机、个人计算机（Personal Computer，PC）、嵌入式计算机。本教材主要学习个人计算机，个人计算机可以分为台式计算机、电脑一体机、笔记本电脑、平板电脑、智能手机。

1. 台式计算机

台式计算机最明显的特点是主机、显示器、键盘、鼠标是相对独立的，如图 1-2 所示。主机里有主板、电源、中央处理器、内存、显卡等配件。

2. 电脑一体机

电脑一体机又叫一体台式机，它将台式机的主机部分集成到了显示器里，将键盘和鼠标连接到显

图 1-2　台式计算机

示器对应接口就能使用，如图 1-3 所示。电脑一体机的主要特点是节省空间、超级整合、节能环保、外观时尚等。

3. 笔记本电脑

笔记本电脑也称手提电脑，是一种方便携带的个人计算机，如图 1-4 所示。笔记本电脑的主要特点是设计合理、方便携带等。

图 1-3　电脑一体机

图 1-4　笔记本电脑

4. 平板电脑

平板电脑也叫便携式电脑（Tablet Personal Computer，Tablet PC），是一种小型、方便携带的个人计算机，如图1-5所示。平板电脑以触摸屏而不是传统的键盘或鼠标作为基本的输入设备。它的触摸屏允许用户通过触控笔或数字笔来进行作业。用户可以通过内置的手写识别工具、屏幕上的软键盘、语音识别工具或者一个真正的键盘（如果该机型配备的话）实现输入。用户通过连接Wi-Fi实现上网。

5. 智能手机

智能手机是具有独立的操作系统、独立的运行空间，可以由用户自行安装游戏、导航等第三方服务商提供的应用程序，并可以通过移动通信网络实现无线网络接入的手机类型的总称，如图1-6所示。

图1-5　平板电脑

图1-6　智能手机

1.3　实战演练

1.3.1　认识计算机的构成

从外观上看，计算机系统主要由主机、显示器、鼠标、键盘等构成，有的可能还配备打印机、扫描仪等其他外围设备，如图1-7所示。

主机　　显示器　　键盘　鼠标　　　　打印机

图1-7　计算机的构成

计算机的构成
和外部接口

1.3.2　认识台式计算机外部接口

台式计算机的外部接口包括主机的前置面板接口和后置面板接口，如图1-8所示。

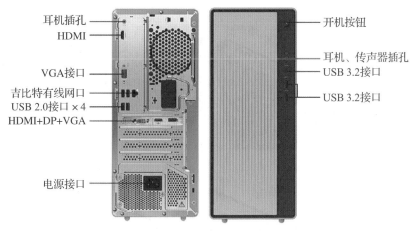

图1-8　台式计算机外部接口

［缩略词说明：高清多媒体接口（High Definition Multimedia Interface，HDMI）、视频图形阵列（Video Graphic Array，VGA）、通用串行总线（Universal Serial Bus，USB）、显示端口（Display Port，DP）］

1.3.3　认识电脑一体机外部接口

电脑一体机外部接口都集成在主板上，如图1-9所示。

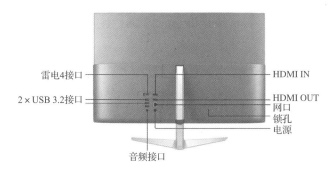

图1-9　电脑一体机外部接口

1.3.4　认识笔记本电脑外部接口

主流笔记本电脑基本上淘汰了RJ-45网络接口和VGA显卡接口，如有所需可用转接口。目前常见的笔记本电脑接口如图1-10所示。

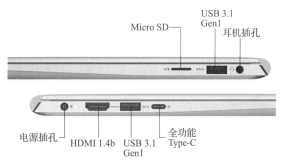

图1-10　笔记本电脑接口

1.3.5 认识智能手机

智能手机的接口以及按键全集成在主板上，如图 1-11 所示。

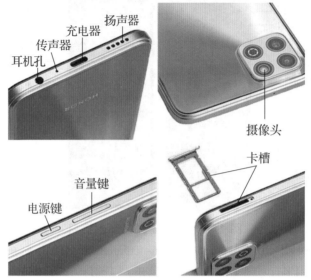

图 1-11   智能手机接口及按键

1.4   维护与故障处理

1. 日常维护

用毛刷清理键盘中的灰尘，用专用的清洁剂清洗液晶显示器的屏幕。

2. 故障处理

故障案例：笔记本电脑键盘不慎进水。

解决方法：首先关机断电，取下电池；然后打开外壳，用电吹风吹干键盘和机壳内的水。

技能扩展

1. 认识平板电脑的外部接口并标注。

2. 认识笔记本电脑的外部接口并标注。

习题与思考

一、单选题

1.一台完整的计算机由（　　　）组成。

A.硬件系统和软件系统　　　　　　　　B.主机和显示器

C.主机、显示器、音响　　　　　　　　D.硬件系统和操作系统

2.裸机是指（　　　）。

A.不安装任何软件的计算机

B.只装有操作系统的计算机

C.既装有操作系统，又装有应用软件的计算机

D.只装有应用软件的计算机

3.（　　　）是构成计算机系统的物质基础，而（　　　）是计算机系统的灵魂。

A.硬件、软件　　　　B.软件、硬件　　　　C.主机、外设　　　　D.系统软件、应用软件

4.主机箱内的主要部件不包括（　　　）。

A.中央处理器　　　　B.主板　　　　　　　C.键盘　　　　　　　D.电源

5.安装应用软件应注意以下（　　　）问题。

A.要确保硬盘有足够的剩余空间，使软件安装后能够正常运行

B.要看清所安装的软件对系统配置的要求

C.关闭所有打开的程序以后再进行软件的安装

D.以上说法都要注意

二、多选题

1.一套完整计算机主要包括（　　　）。

A.主机　　　　　　　B.显示器　　　　　　C.鼠标　　　　　　　D.键盘

2.下列属于输入设备的有（　　　）。

A.键盘　　　　　　　B.鼠标　　　　　　　C.打印机　　　　　　D.扫描仪

三、判断题

1.打印机是一种输入设备。　　　　　　　　　　　　　　　　　　　　（　　　）

2.目前主流的显示器为液晶显示器。　　　　　　　　　　　　　　　　（　　　）

3.显示器点距越小，显示器显示的图形就越清晰。　　　　　　　　　　（　　　）

四、简答题

1.计算机常用的输入设备和输出设备有哪些？

2.什么是裸机？

项目 2

认识中央处理器

🔍 学习目标

知识目标

- 说出中央处理器的作用。
- 列举中央处理器的类型。

技能目标

- 能够正确安装中央处理器及风扇。
- 能够对中央处理器进行日常维护和故障处理。

素质目标

- 培养学生动手操作的实干精神。
- 培养学生分析和解决问题的能力。
- 培养学生精益求精的工匠精神。
- 培养学生的职业规范和职业责任意识。
- 培养学生的爱国主义情怀、使命意识和担当精神。

2.1　项目内容及实施计划

2.1.1　项目描述

认识、选购中央处理器，然后将中央处理器安装在所支持的主板上，并对中央处理器进行性能测试。

2.1.2　项目实施计划

根据项目实施计划流程图，完成本项目的学习内容。

2.2　技能基础

2.2.1　中央处理器的定义

中央处理器（Central Processing Unit，CPU）是一块超大规模的集成电路，是一台计算机的运算核心（Core）和控制核心（Control Unit），俗称处理器。它负责执行算术运算、逻辑判断及设备控制等任务。

2.2.2　中央处理器的分类

CPU 外观是近似圆角矩形的扁平物体，一面被钢制的金属外壳包裹，另一面则连接许多触点和针脚。目前个人计算机所使用的 CPU 按照品牌主要有 Intel 和 AMD 两类。

AMD CPU 背面有针脚，如图 2-1 所示。

认识中央处理器

图 2-1　AMD CPU

Intel CPU 采用平面网格阵列（Land Grid Array，LGA）封装技术，CPU 背面金属触点，如图 2-2 所示，Intel CPU 的金属针位于主板的 CPU 插座上。

图 2-2　Intel CPU

除了以上两种国外的 CPU 品牌外，国内也有几大 CPU 品牌，分别是龙芯、鲲鹏、飞腾、海光、申威等，如图 2-3 所示。

图 2-3　国产龙芯和鲲鹏 CPU

2.2.3　CPU的主要性能指标

CPU 的性能指标主要有主频、外频、倍频、核心数量、针脚数、缓存等。

1. 主频

主频又称时钟频率，即 CPU 的工作频率，其单位为 GHz。图 2-4 所示的两款 CPU 的主频分别为 2.8GHz 和 3.6GHz。

图 2-4　CPU 主频

2. 外频和倍频

CPU 的外频，通常为系统总线的工作频率（系统时钟频率），即 CPU 与周边设备传输数据的频率，具体是指 CPU 到芯片组之间的总线频率。

CPU 倍频，全称是 CPU 倍频系数。CPU 的核心工作频率与外频之间存在着一个比值关系，这个比值就是倍频系数，简称倍频。

3. 核心数量

核心数是指物理上，也就是硬件上存在着几个核心。比如，双核就是包括两个相对独立的 CPU 核心单元组，四核就包含 4 个相对独立的 CPU 核心单元组，八核以此类推。

4. 缓存

缓存是指快速设备与慢速设备间的存储缓存区。在读取资料时，会先从硬盘中将数据载入内存中，然后放入可以快速访问的缓存区，之后 CPU 便可直接从缓存中提取数据，节省等待时间。目前主流 CPU 一般为三级缓存。

一级缓存（L1 Cache）的速度与 CPU 相同，容量一般有 128KB 或 256KB。

二级缓存（L2 Cache）的速度比 L1 慢，容量一般在 1MB~8MB。

三级缓存（L3 Cache）比 L2 更慢，容量可以为 8MB 以上。

2.3　实战演练

2.3.1　认识CPU参数

拟选用 i9-11900K 型号 CPU，插槽类型为 LGA1200。根据外形可以看出 CPU 的两个防呆设计，并且 CPU 反面为接触点，而不是通常的插针式，加之表面"INTEL®"的标志非常明显，可以确定此 CPU 是接口为 LGA 封装的 Intel 公司生产的 CPU。CPU 主要参数均在 CPU 表面标明。Intel CPU 参数的含义如图 2-5 所示。

图 2-5　Intel CPU 参数的含义

2.3.2 选购CPU

选购 CPU 时应考虑以下两个方面：

1. 明确需求

根据计算机的用途做出取舍，一般办公、上网娱乐的用户选择一些低端或中端 CPU 产品，专业设计人员、游戏玩家应考虑选用高性能的 CPU。

2. 考虑性价比

一般来说，CPU 主频越高，其性能越强，价格越高；缓存容量大的 CPU 一般价格高；采用最新核心的 CPU 和新开发的 CPU 产品，其价格都相对较高。

通过"中关村在线"的 CPU 高级搜索页面设置搜索条件，选购 CPU，如图 2-6 所示。

图 2-6　选购 CPU

2.3.3 安装CPU

CPU 是极为精密的电子元件，在安装前，请先学习以下两点注意事项：

1. 防止静电

CPU 和内存条元件很容易遭受静电的破坏，安装时建议带上防静电手套，这样不但可以防止身上的静电损伤硬件，而且能保证安装元件的清洁。

2. 小心 CPU 针脚

CPU 针脚十分脆弱，因此，在安装 AMD CPU 时一定要小心别碰坏了 CPU 的针脚。如果购买的是 Intel LGA1150 等封装的 CPU，由于其采用触点设计，因此在安装上比较便利。

提醒：无论是 Intel 的 CPU，还是 AMD 的 CPU，为了避免安装时出现方向相反的错误情况发生，在 CPU 及插槽上都采用了防呆插设计来限定正确的安装方向，如果没有确认 CPU 的防呆设计就盲目且粗鲁地将其安装到插槽上，非常容易造成针脚变形或折损。

步骤 1：消除身上静电，然后将主板轻轻放在包装盒上，准备安装 CPU。

步骤 2：打开 CPU 插槽上的金属保护盖，首先用力下压、侧移压杆，该操作尽量双手操作，一手控制压杆，一手控制保护盖，然后将主板 CPU 插槽的保护盖打开，如图 2-7 所示。将 CPU 的两个凹槽对应 CPU 插槽中的凸点，即可正确安装。

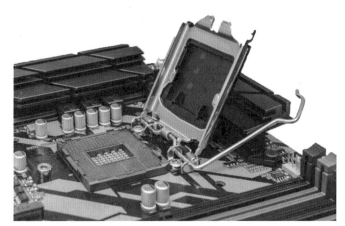

图 2-7 打开 CPU 插槽的保护盖

提醒：要将 CPU 上的凹槽与 CPU 插槽凸点对齐安装。

步骤 3：安装 CPU，如图 2-8 所示。

步骤 4：盖好保护盖，将压杆拉回原处，CPU 安装完成，如图 2-9 所示。如果 CPU 散热器底部没有导热硅脂，则需涂抹导热硅脂。

图 2-8 安装 CPU

图 2-9 CPU 安装完成

2.3.4 安装CPU散热器

步骤 1：安装 CPU 散热器，将散热器的塑料针脚卡扣与主板上 CPU 插槽四周的四个圆孔对齐之后，按对角线的方式分别用力往下压，即可将 CPU 风扇固定到主板上，再将散热器的供电线连接至主板 CPU_FAN 插座上，如图 2-10 所示。

步骤 2：查看主板背部，检查散热器是否安装到位，如果黑色的塑料钉没有完全把白色的卡扣撑开，那么说明没有安装到位，如图 2-11 所示。

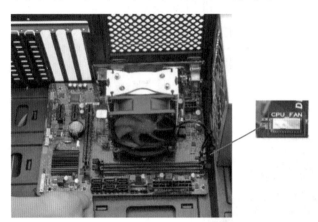

图 2-10　安装 CPU 散热器

图 2-11　检查散热器安装

2.4　维护与故障处理

1. 维护

使用 CPU 时，应对散热器不定期除尘、润滑，保持良好的散热效果。

2. 故障处理

故障现象 1：计算机能正常开机，但开机几秒钟后自动关机。

解决方法：此故障现象一般是 CPU 散热器底座（散热片）与 CPU 接触不良，CPU 温度过高造成的。重新固定散热器即可正常开机。

故障现象 2：CPU 针脚接触不良导致无法启动。

解决方法：此故障现象是计算机长期不工作，CPU 针脚氧化造成的，取下 CPU，喷计算机专用清洁剂，清除 CPU 针脚上的氧化物，重新安装 CPU，就能正常开机。

故障现象 3：一台计算机的 CPU 散热风扇转动忽快忽慢，使用计算机一会儿死机。

解决方法：现在的普通散热器大多使用的是滚珠轴承，需要润滑油来润滑。CPU 散热器的滚珠和轴承之间的润滑油没有了，就会造成风扇转动阻力增加，转动困难，忽快忽慢。CPU 散热器不能持续给 CPU 提供强风进行散热，使 CPU 温度上升最终导致死机。在给 CPU 散热器加了润滑油后 CPU 散热风扇转动正常，死机现象消失。

故障现象 4：计算机运行时温度上升比较快，而且温度一直降不下来。

解决方法：正常情况下 CPU 的温度是不能高于 50℃的，否则就会出现电子迁移现象，会影响 CPU 的使用寿命，而且会导致系统不稳定，容易破坏电脑硬件。这一故障主要是因为计算机 CPU 散热器功效较差，所以换一个好一点的 CPU 散热器就可以了。

技能扩展

1. 认识 CPU 的参数并标注，如图 2-12 所示。

图 2-12　ADM CPU 参数

2. 动手安装 AMD CPU 与 CPU 散热器。

3. 认识 Intel 和 AMD 其他系列的 CPU 型号。

习题与思考

一、单选题

1. 64 位 CPU 中的"64"指的是（　　　）。

A. CPU 的体积　　　　B. CPU 的针脚数　　　　C. CPU 的表面积　　　　D. CPU 的位宽

2. 外频是指（　　　）的工作频率。

A. CPU　　　　　　　B. 硬盘　　　　　　　　C. 主板　　　　　　　　D. 内存

3. CPU 是指（　　　）。

A. 控制器　　　　　　　　　　　　　　　B. 运算器和控制器

C. 运算器、控制器和主存　　　　　　　　D. 运算器和主存

4. 目前，世界上最大的 CPU 及相关芯片制造商之一是（　　　）。

A. Intel　　　　　　　B. IBM　　　　　　　　C. Microsoft　　　　　　D. AMD

5. 计算机的核心部件是（　　　）。

A. 控制器　　　　　　B. 存储器　　　　　　　C. 运算器　　　　　　　D. CPU

二、多选题

1. CPU 的主要参数有（　　　）。

A. 主频　　　　　　　B. 外频　　　　　　　C. 缓存　　　　　　　D. 倍频

2. 目前市场主流的 Intel CPU 封装格式有（　　　）。

A. LGA1151　　　　　B. LGA775　　　　　　C. LGA115　　　　　　D. LGA1155

3. 主流 AMD CPU 系列有（　　　）。

A. 闪龙　　　　　　　B. 速龙　　　　　　　C. 锐龙　　　　　　　D. 酷睿

4. 主流 Intel CPU 系列有（　　　）。

A. i3 系列　　　　　B. i5 系列　　　　　　C. i7 系列　　　　　　D. 赛扬系列

三、判断题

1. CPU 和存储器进行信息交换的时候是以"位"为单位来存取的。（　　　）

2. CPU 的数据总线和二级高速缓存、内存和总线扩展槽之间的数据交换的时钟频率完全一致。（　　　）

3. 主频也叫时钟频率，单位是 Hz。（　　　）

4. 外频用来表示 CPU 的运算速度。（　　　）

5. 主频用来表示 CPU 的运算速度，主频越高，表明 CPU 的运算速度越快。（　　　）

6. 缓存的大小与计算机的性能没有什么关系。（　　　）

四、简答题

1. 一块 CPU 的标识为 Intel CORE i7-9700，请问 Intel、CORE i7、9700 分别表示什么？

2. 简述 Intel CPU 和 AMD CPU 的优缺点。

项目 3

认识内存

学习目标

知识目标

- 阐明内存的作用。

- 列举内存的类型。

- 解释内存的性能指标。

技能目标

- 能够正确识别与安装内存。

- 能够对内存进行日常维护和故障处理。

素质目标

- 培养学生动手操作的实干精神。

- 培养学生分析和解决问题的能力。

- 培养学生精益求精的工匠精神。

- 培养学生的职业规范和职业责任意识。

3.1　项目内容及实施计划

3.1.1　项目描述

认识、选购和安装内存，并对内存进行性能测试。

3.1.2　项目实施计划

根据项目实施计划流程图，完成本项目的学习内容。

3.2　技能基础

3.2.1　内存的定义

内存（Memory）是计算机的重要部件之一，也称内存储器和主存储器。它用于暂时存放 CPU 中的运算数据及与硬盘等外部存储器交换数据，是外存与 CPU 进行沟通的桥梁。计算机中所有程序的运行都在内存中进行，内存性能的强弱影响计算机整体发挥的水平。只要计算机开始运行，操作系统就会把需要运算的数据从内存调到 CPU 中进行运算，运算完成后，CPU 将结果传送出来。

3.2.2　内存的类型

1. 按断电后数据是否丢失分类

认识内存

易失性存储器（Volatile Memory）指的是电源供应中断后，存储器所储存的资料便会消失的存储器。主要有以下类型：

- 随机存储器（Random Access Memory，RAM）。
- 动态随机存储器（Dynamic Random Access Memory，DRAM）。
- 静态随机存储器（Static Random Access Memory，SRAM）。
- 双倍速率同步动态随机存储器（Double Data Rate SDRAM，DDR）。

非易失性存储器（Non-volatile Memory）是指即使电源供应中断，存储器所储存的资料也不会消失，重新供电后，其中资料仍然能够被读取的存储器。主要有以下类型：

- 只读存储器（Read-only Memory，ROM）。
- 可编程只读存储器（Programmable Read-only Memory，PROM）。
- 可擦可编程只读存储器（Erasable Programmable Read-only Memory，EPROM）。
- 可电擦可编程只读存储器（Electrically Erasable Programmable Read-only Memory，EEPROM）。
- 快闪存储器（Flash Memory）。

2. 根据安装平台分类

计算机的内存根据安装平台可以分为台式机内存和笔记本电脑内存两种，如图 3-1 所示。

笔记本电脑内存——

3. 根据频率分类

在计算机组装中常见的都是 DDR 内存，根据频率分类，DDR 内存主要分为一代（DDR）、二代（DDR2）、三代（DDR3）、四代（DD4）。一代内存已经淘汰。每一类内存工作频率不同，接口位置也不同，如图 3-2 所示。

台式机内存——

图 3-1 内存类型

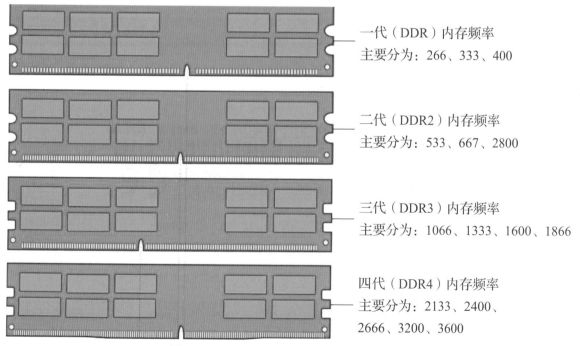

一代（DDR）内存频率
主要分为：266、333、400

二代（DDR2）内存频率
主要分为：533、667、2800

三代（DDR3）内存频率
主要分为：1066、1333、1600、1866

四代（DDR4）内存频率
主要分为：2133、2400、2666、3200、3600

图 3-2 DDR、DDR2、DDR3、DDR4 内存
（频率单位：MHz）

3.2.3　内存的主要性能指标

1. 工作频率

工作频率指单位时间内，内存与 CPU 交换数据的次数，单位为 MHz。内存的工作频率越高，速度越快，性能越出色。市场上 DDR3 的频率有 1333MHz、1600MHz、1800MHz 等规格；DDR4 的最低频率为 2133MHz，高端产品为 4000MHz 或更高。

2. 容量

容量是内存的性能指标之一。目前市场常见的单条内存的容量有 4GB、8GB、16GB。内存容量大，则计算机可同时运行多个程序；若内存容量小，计算机运行较多的程序时，其运行速度会很慢。

3.SPD 功能

配置（存在位）串行探测（Serial Presence Detect，SPD）用于检测并记录内存芯片的相关信息，如容量、电压、带宽等。

3.3　实战演练

3.3.1　内存参数识别

拟选购海盗船 LPX 8GB DDR4 2400（CM4X8GE2400C16K4）内存，参数主要包括容量、工作频率、工作电压等，如图 3-3 所示。

图 3-3　内存参数

3.3.2　选购内存

根据需求选购内存，选购内存时应考虑以下几个方面：

1. 明确需求

根据"适用""够用"的基本原则选择合适的内存，例如：办公或家用计算机要求稳定，可以选择兼容性能好、稳定性强的内存，如金士顿、威刚等；专业设计或游戏玩家要求计算机运行速度快、工作频率高，可以选用高端内存，如金邦的白龙系列。

2. 比较关键性能参数

一般来说，配置的内存容量越大，计算机运行速度就越快。要流畅运行操作系统，内存至少应满足容量的需求，内存的带宽应不低于 CPU 的带宽。

3. 与主板支持的内存匹配

根据主板所支持的内存接口类型和频率选择内存。

通过"中关村在线"的内存高级搜索页面设置搜索条件，选购内存，如图 3-4 所示。

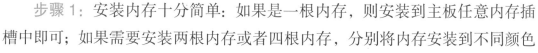

图 3-4 选购内存

3.3.3 安装内存

安装内存

安装内存要做到"准"和"稳"，"准"是指安装时要对准内存与插槽间的凹凸位置，而"稳"则是内存安装要稳固，并且确认安全卡已扳回到原位。

步骤 1：安装内存十分简单：如果是一根内存，则安装到主板任意内存插槽中即可；如果需要安装两根内存或者四根内存，分别将内存安装到不同颜色的插槽中，即可组建双通道内存。内存插槽两边会有固定卡扣设计，安装内存之前，请将两边的卡扣扳开，如图 3-5 所示。

图 3-5 扳开卡扣

问题：目前主流的内存为 DDR3 和 DDR4，这两种类型内存的接口一样吗？

步骤 2：在安装内存的时候，将内存"金手指"上面的缺口对准内存插槽上的凸点。这是内存的防呆设计，方向反了插不进去。如图 3-6 所示。

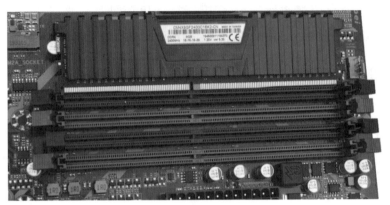

图 3-6　缺口与凸点对齐

提醒：安装内存时，应安装主板所支持的内存类型，同时将主板插槽上的凸点与内存的缺口对齐。

步骤 3：两手分别在内存的左右上方稍用力往下压，当听到"咔"的一声，说明已经安装成功，如图 3-7 所示。

图 3-7　内存安装成功

3.4　维护与故障处理

1. 维护

（1）定期清理灰尘，用吹尘器或者吹气球吹去灰尘并清理插槽里的灰尘。

（2）在升级内存时，尽量选择和原装内存相同型号的内存，以免出现不兼容的现象。

（3）当只需要安装一根内存时，应首选和 CPU 插座接近的内存插槽，这样做的好处是内存被 CPU 散热器带出的灰尘污染后可以清洁，而插槽被污染后却极不易清洁。

2. 故障处理

故障现象 1：开机无显示。

解决方法：内存出现此类故障一般是因为内存条与主板插槽接触不良。一般情况只需要用橡皮擦来回擦拭内存"金手指"部位即可解决问题（切勿用酒精等腐蚀性液体清洗）。另外，内存损坏与主板内存槽有问题也会造成此类故障。内存原因造成的开机无显示故障，主机扬声器一般都会长时间蜂鸣［针对 Award 基本输入输出系统（Basic Input/Output System，BIOS）而言］。

故障现象 2：Windows 操作系统经常自动进入安全模式。

解决方法：此故障一般是由于主板与内存不兼容，常见于高频率的内存用于某些不支持此频率内存的主板上。出现此故障，可以尝试通过 BIOS 设置降低内存读取速度，看能否解决问题，如果不行，那就只有更换内存。

故障现象 3：随机性死机。

解决方法：此类故障一般是采用了几种不同频率的内存，各内存速度不同产生时间差导致的。对此可以通过 BIOS 设置降低内存速度予以解决，否则，只有使用同频率同型号内存。还有一种可能就是内存与主板不兼容，这一原因造成此类故障可能性很小。另外，此类故障也有可能是内存与主板接触不良引起的。

故障现象 4：听到的不是平时"嘀"的一声，而是"嘀，嘀，嘀……"响个不停，显示器也没有图像显示。

解决方法：此故障多数是因为计算机的使用环境不好，湿度过大，在长时间使用过程中，内存的"金手指"表面氧化，内存"金手指"与内存插槽的接触电阻增大，阻碍电流通过，因而内存自检错误。其表现为一开机就"嘀嘀"地响个不停，也就是我们通常所说的"内存报警"。处理方法很简单，取下内存，使用橡皮擦将内存两面的"金手指"仔细地擦干净，再插回内存插槽就可以了。

> **注意**：在擦拭"金手指"时，一定不要用手直接接触"金手指"，因为手上汗液会附着在"金手指"上，在使用一段时间后会再次造成"金手指"氧化，重复出现同样的故障。

技能扩展

1. 计算机开机后，主板上的蜂鸣器发出 1 长 3 短的报警声。解决此故障。

2. 计算机开机蓝屏，故障代码显示 0x0000001A。解决此故障。

习题与思考

一、单选题

1. 存储器是指（　　　）。

A. CPU　　　　　　B. 硬盘　　　　　　C. 内存　　　　　　D. 主板

2. DDR4 针脚数为（　　　）。

A. 184　　　　　　B. 240　　　　　　C. 168　　　　　　D. 284

3. DDR4 的工作电压为（　　　）V。

A. 1.2　　　　　　B. 1.5　　　　　　C. 1.8　　　　　　D. 3.3

二、多选题

1. DDR4 的工作频率有（　　　）MHz。

A. 2400　　　　　　B. 3000　　　　　　C. 3333　　　　　　D. 1333

2. 目前主流的内存类型有（　　　）。

A. DDR　　　　　　B. DDR2　　　　　　C. DDR3　　　　　　D. DDR4

三、判断题

1. 计算机运行速度的快慢跟内存没关系。　　　　　　　　　　　　　　　　（　　　）

2. DDR4 内存的工作频率主要有 2133MHz 和 2400MHz。　　　　　　　　（　　　）

四、简答题

1. 简述内存的主要性能指标。

2. 简述 DDR3 和 DDR4 的不同。

项目 4

认识主板

学习目标

知识目标

- 阐明主板的作用。
- 列举主板的类型。
- 解释主板性能指标。

技能目标

- 能够正确安装主板。
- 能够对主板进行日常维护。
- 能够处理主板的一般故障。

素质目标

- 培养学生动手操作的实干精神。
- 培养学生分析和解决问题的能力。
- 培养学生精益求精的工匠精神。
- 培养学生的协同意识。
- 培养学生的职业规范和职业责任意识。

4.1　项目内容及实施计划

4.1.1　项目描述

了解主板在计算机中的作用，认识主板的类型，并能够完成主板的安装与维护。

4.1.2　项目实施计划

根据项目实施计划流程图，完成本项目的学习内容。

4.2　技能基础

4.2.1　主板的定义

主板是计算机最基本的，也是最重要的部件之一。主板上有各种接口、扩展插槽。它的主要作用是实现计算机各个硬件设备的相互连接，使计算机的各设备能够协同工作。

主板一般为矩形电路板，上面安装了组成计算机的主要电路系统，一般有 BIOS 芯片、输入 / 输出（I/O）控制芯片、键盘和面板控制开关接口、指示灯插接件、扩充插槽、直流电源供电接插件等元件。

4.2.2　主板的分类

主板按尺寸大致可以分为 ATX、Micro-ATX、Mini-ITX 3 种，其中 ATX 主板尺寸是三者中最大的，也是计算机主板的标准尺寸。这种主板元器件齐全，印制电路板（Printed-circuit Board，PCB）空间大，扩展功能相比其他两种主板更为优秀。

认识主板

1. ATX 主板

ATX 主板规格（30.5cm×24.4cm）由 Intel 公司在 1995 年制定。它取代了 AT 主板规格，成为当前计算机系统默认的主板规格。ATX 主板如图 4-1 所示。

图 4-1　ATX 主板

2. Micro-ATX 主板

Micro-ATX 主板标准于 1997 年 12 月发布，大小为 24.4cm×24.4cm。由于长度减小，扩充槽由 ATX 主板的最多 7 条减少到 4 条。Micro-ATX 主板的设计相容于 ATX 主板，两者的宽度和背板 I/O 大小均相同，因此 Micro-ATX 主板可安装在 ATX 机箱内。Micro-ATX 主板如图 4-2 所示。

3. Mini-ITX 主板

Mini-ITX 是由威盛电子公司主推的主板规格。Mini-ITX 主板能用于 Micro-ATX 或 ATX 机箱，尺寸为 17cm×17cm，主要用于嵌入式系统（Embedded System）、准系统及家庭影院个人计算机（Home Theater Personal Computer，HTPC）等设备而非普通主机，如用于汽车、置顶盒及网络设备中的计算机。Mini-ITX 主板如图 4-3 所示。

图 4-2　Micro-ATX 主板

图 4-3　Mini-ITX 主板

4.2.3　主板组成部件

1. 芯片组

芯片组（Chipset）是主板的核心组成部分，是仅次于 CPU 的第二大芯片，是主板的灵魂，其性能的优劣，决定了主板性能的好坏与级别的高低。芯片组是 CPU 与周边设备沟通的桥梁。对于主板而言，芯片组几乎决定了这块主板的功能，进而影响到整个计算机系统性能的发挥。

按照芯片组在主板上的排列位置，可以将芯片组划分为南桥芯片和北桥芯片。它们相当于人的右脑和左脑，各有分工。其中，北桥芯片又称为主控制芯片，它多位于 CPU 插槽旁，离 CPU 很近。主板上 CPU 插座的类型、主板的系统总线频率、主板类型和容量、显卡插槽规格等均由北桥芯片决定。目前，新的主板上已经没有北桥芯片，其功能被整合在 CPU 中。南桥芯片（South Bridge）又称为功能控制芯片，被设置于 PCI-E 插槽附近，如图 4-4 所示。南桥芯片发热量大，大多数厂商为了主板的稳定，在南桥芯片上也加装了散热片。南桥芯片负责 I/O 总线之间的通信，如 PCI-E（PCI Express）总线、USB、局域网（Local Area Network，LAN）、高级技术总线附件（Advanced Technology Attachment，ATA）、串行高级技术总线附件（Serial Advanced Techonology Attachment，SATA）、音频控制器、键盘控制器、实时时钟控制器、高级电源管理等。

南桥芯片

图 4-4　南桥芯片

2. PCI-E 总线接口

PCI-E 总线接口是新一代的总线接口，支持热拔插。PCI-E 总线接口根据总线位宽不同而有所差异，包括 ×1、×2、×4、×8、×16，其中 PCI-E×16 为目前最常见的独立显卡插槽，很多主板还额外增加了小型的 PCI-E×1 接口，主要提供给声卡、视频卡等设备使用。PCI-E 规格从 1 条通道连接到 32 条通道连接，有非常强的伸缩性，可以满足不同系统设备对数据传输带宽的不同需求。例如，PCI-E×1 规格支持双向数据传输，其中单向传输速率为 250Mbit/s，双向传输速率为 500Mbit/s。

3. CPU 插槽

CPU 插槽有多种规格和型号，不同插槽在针脚外观及针脚数目上是有差异的，不同 CPU 对应的主板 CPU 插槽也不相同。目前主流 Intel CPU 支持的插槽有 LGA1150、LGA1151、LGA1155、LGA2011V3、LGA2066 等，AMD CPU 支持的插槽主要有 FM2+、AM3+、AM4 等。主板的 CPU 插槽如图 4-5 所示。

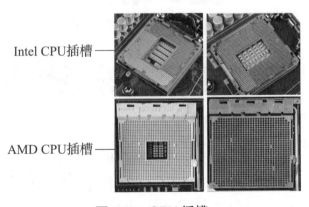

Intel CPU插槽

AMD CPU插槽

图 4-5　CPU 插槽

4. 内存插槽

内存插槽是主板上提供的用来安装内存的，通常位于 CPU 插槽一侧。主板所支持的内存种类和容量可以通过主板插槽判断，目前主流的主板支持 DDR4。内存插槽通常最少有两个，多的有 4 个、6 个或者 8 个，如图 4-6 所示。目前大部分主板支持双通道技术，这种技术简单来说就是主板插槽上同时安装两条容量和型号相同的内存，使 CPU 在处理数据时，可在不同的通道上同时存取资料，提升 CPU 与主板交换数据的频率。双通道一般按主板上内存插槽的颜色成对使用。

图 4-6　内存插槽

5. 硬盘接口

SATA 是由 Intel、IBM、Dell、APT、Maxtor 和 Seagate 等公司共同提出的硬盘接口规范。目前主流 SATA 规范有 SATA2.0、SATA3.0 等标准。标有 SATA1、SATA2、SATA3、SATA4 的主板接口形状是相同的（如图 4-7 所示），但为了区分接口规格，大多数 SATA2.0 接口颜色为黑色，而 SATA3.0 接口颜色则为黄色、白色或蓝色等。

SATA 接口会存在传输速率的区别，主流有 SATA2.0 和 SATA3.0 两种，传输速率不同。最新 SATA3.0 接口传输速率可以达到 6Gbit/s，而 SATA2.0 接口的传输速率则为 3Gbit/s，理论上 SATA3.0 接口是 SATA2.0 接口的 2 倍。

图 4-7　SATA 接口

6. 显卡插槽

目前显卡插槽是 PCI-E3.0，这种插槽也可以用来安装声卡和固态硬盘装置。PCI-E 3.0 是 Intel 主流的第三代 I/O 总线技术，它沿用了传统 PCI-E 接口的通信标准和优势，已成为目前主流显卡插槽，如图 4-8 所示。

图 4-8　PCI-E 插槽

7. BIOS 芯片

BIOS 是计算机开机、关机时必须先执行的程序。BIOS 芯片如图 4-9 所示。BIOS 的主要功能是开机检测元件是否正常，对主板、芯片组、显卡及周边硬件做初始化，记录系统处理器、主板等设备的设定值，引导计算机开机载入系统。BIOS 一旦损坏会导致主板不能使用。

图 4-9　BIOS 芯片

8. CMOS 电池

在主板上有一块互补金属氧化物半导体（Complementary Metal Oxide Semiconductor，CMOS）电池，它可以给 CMOS 芯片供电，确保 BIOS 中的时间可以持续更新，如图 4-10 所示。除了维持 BIOS 中的时间更新外，CMOS 电池还能保障用户已设置的 BIOS 信息的保存。新主板的 CMOS 电池通常能用 5 年左右。如果电池电压不足，会出现计算机的时间和日期不准确的现象，且每次启动时需要重新设置 BIOS 或时钟。

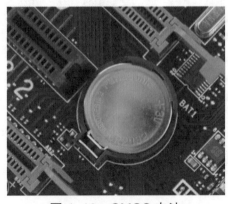

图 4-10　CMOS 电池

9. 主板供电接口

主板供电接口是连接电源为主板供电的主要接口，其可分为两种，一种是 20 针的 ATX 电源插槽，另一种是 24 针电源插槽，如图 4-11 所示。为了满足主板越来越高功率的需求，目前主板几乎都是 24 针电源插槽。

图 4-11　主板供电接口

10. CPU 供电接口

为了给 CPU 提供更强、更稳定的电压，目前主板上均提供了一个给 CPU 单独供电的接口（有 4 针、6 针和 8 针 3 种），如图 4-12 所示。

图 4-12　CPU 供电接口

11. CPU 散热器供电接口

高速运转中的 CPU 会产生大量的热量，如果这些热量不能及时散去，将会导致主板的温度过高，烧毁其他元件。因此，必须在 CPU 上加装一个散热器来散热，主板上给 CPU 散热器供电的接口如图 4-13 所示。

图 4-13　CPU 散热器供电接口

12. 机箱前置面板接口

机箱前置面板有电源按钮、复位键、电源指示灯、硬盘工作指示灯等，面板的连线与主板对应接口连接后将正常发挥作用。机箱前置面板接口如图4-14所示，展示了主板的电源开关、PC扬声器、电源指示灯、硬盘工作指示灯等线路的连接位置和连接方法。

图4-14　机箱前置面板接口

13. 前置USB接口

前置USB接口通过机箱面板上的延长线插到主板的USB插针上。目前主板采用19针USB 3.0接口，如图4-15所示。延长线一般长40~50cm，USB接口的额定电压是+5V、额定电流是500mA。由于延长线有电阻，所以前置USB接口的电流往往达不到额定值，延长线质量越差，这种情况越明显。

图4-15　前置USB 3.0接口

14. 前置音频接口

前置音频接口跟前置USB接口一样，也通过机箱面板上的延长线插到主板上的音频插针上。标准的前置音频接口为9针，如图4-16所示。

图4-16　前置音频接口

4.3 实战演练

4.3.1 主板选购

根据已选的 CPU 和内存选择主板，同时考虑以下几个方面：

1. 明确需求

根据自身需求进行针对性的选择，如果专业性要求很强，整机配置要求高，CPU 的性能要求也高，这时需要选择各方面性能都比较好的主板与之相适应。

2. 认准品牌

选购主板时应优先考虑品牌主板，如华硕、技嘉等，这些厂家生产的主板从设计、用料、工艺、包装到售后服务都有保障。

3. 分清平台

选购主板之前，要分清已选购的 CPU 是 Intel CPU 还是 AMD CPU，不同类型的主板支持不同的 CPU。同时也注意是否支持已选的内存。

通过"中关村在线"的主板高级搜索页面设置的搜索条件，选购主板如图 4-17 所示。

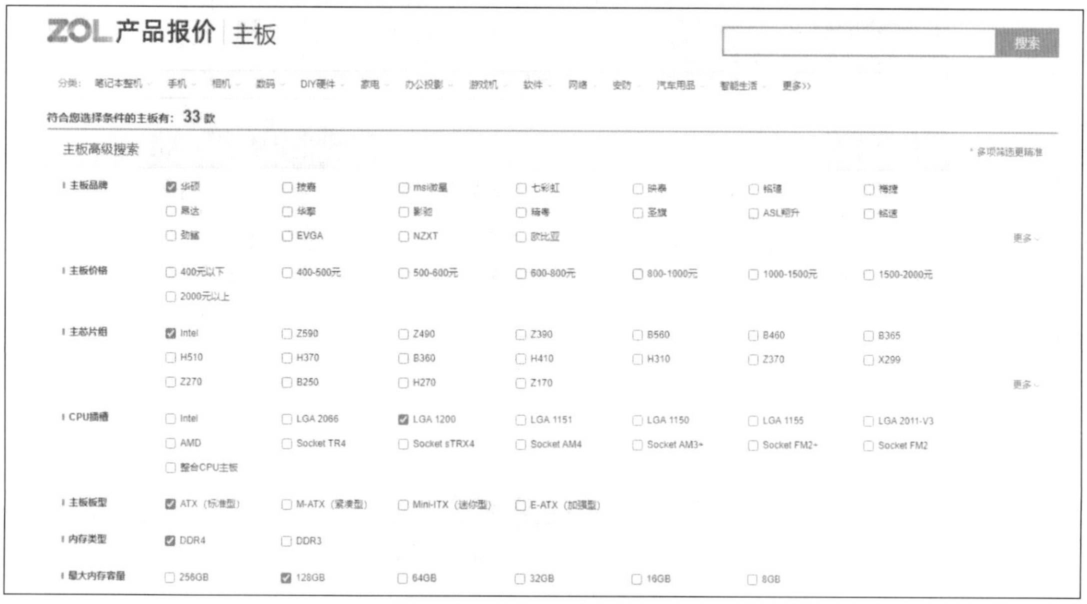

图 4-17 选购主板

4.3.2 安装前的准备

安装主板，需要准备螺丝刀、尖嘴钳、防静电手套、铜柱、螺丝等工具和配件。螺丝刀最好选头部带有磁性的，这样比较方便安装。计算机中大部分部件都需用螺丝刀固定，个别不易插拔的设备可用尖嘴钳进行固定。工具和配件如图 4-18 所示。

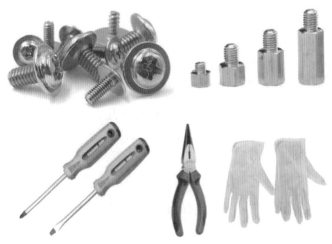

图 4-18　工具和配件

4.3.3　安装主板

安装主板

步骤 1：安装 I/O 背板，如图 4-19 所示。由于机箱自带的背板与主板的外设接口有所差异，所以请安装主板自带的 I/O 背板。在机箱内部固定 I/O 背板的一端，然后由内向外施力，使背板与机箱插槽完全吻合。

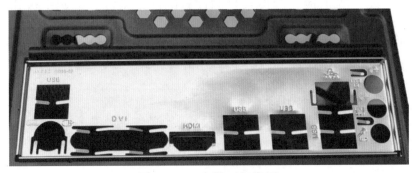

图 4-19　安装 I/O 背板

步骤 2：主板是通过位于机箱中的铜柱或其他部件架空安装在机箱的底板上的，在安装主板前要将这些铜柱安装在机箱底板上，如图 4-20 所示。

图 4-20　安装铜柱

注意：安装的铜柱要跟螺孔的大小匹配，否则会损坏螺孔。

步骤3: 将主板放入机箱时应注意主板悬空在机箱安装的铜柱上，这是为了使主板与机箱外壳之间保持一定距离，使主板针脚之间不会短路，如图4-21所示。

图4-21 安装主板

提醒: 主板装入机箱内，要调整主板的安装位置，外部接口要穿入I/O背板对应的孔中，否则外部设备无法连接。

步骤4: 调整主板位置，使主板所有外部接口插入I/O背板中，如图4-22所示。

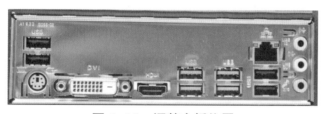

图4-22 调整主板位置

步骤5: 用螺丝固定好主板，避免主板产生松动，如图4-23所示。

图4-23 固定主板

4.4　维护与故障处理

1. 维护

清洁法：用毛刷轻轻刷去主板上的灰尘。另外，主板上一些插卡、芯片采用了插脚形式，经常会因为引脚氧化而接触不良。对于这样的情况，我们可以用橡皮擦去表面氧化层，然后重新插接。

观察法：仔细地查看出现问题的主板，看看每个插头、插座是否倾斜，电阻、电容的引脚是否相互虚连，芯片的表面是否烧焦或者开裂，主板上的锡箔是否有烧断的痕迹出现。另外，我们还要查看有没有异物掉进主板的元器件之间。遇到有疑问的地方，我们可以用万用表测量一下。

2. 故障处理

故障现象 1：主板 BIOS 中不管怎么设置，都不能实现信息的保存。

解决方法：此类故障一般是主板电池电压不足造成的，更换主板电池即可。如果更换主板电池后不能解决问题，此时有两种可能：

（1）主板电路问题，对此要找专业人员维修。

（2）主板 CMOS 跳线问题，错误地将主板上的 CMOS 跳线设为清除选项，或者设置成外接电池，使得 CMOS 数据无法保存。

故障现象 2：主板上的集成网卡坏了，在主板上安装了一块独立网卡，但在系统中无法找到新安装的网卡，试着更换其他网卡和显卡插槽，系统还是不能识别。

解决方法：该故障很可能是未将损坏的集成网卡屏蔽，新旧设备冲突造成的。进入 BIOS 设置程序，选择 "Integrated Peripherals" 选项，将其中的 "Onboard LAN Device" 选项设置为 "Disable"，即可识别新安装的网卡。若设置后上述问题依然存在，则有可能是因为之前的集成网卡驱动未完全卸载，可以打开 "设备管理器" 窗口，将其中的网络适配器全部删除，然后重新查找新设备，安装新网卡的驱动程序。

故障现象 3：每次计算机开机之后系统时间都会变慢，设置好之后下次开机又会变慢。

解决方法：该故障可能是主板 CMOS 电池没电引起的。首先可更换主板电池，如果故障依然存在，需再仔细观察主板。在主板电池旁边有一个电阻大小、银白色金属外壳封装的两个引脚的元器件，由于计算机所用的时钟发生器是由电容、电阻和石英晶体构成的计时电路，所以可能是主板上电路元器件失效或者变质引起时间不准，而电容和石英晶体通常又是引起时间不准的主要原因。该故障的解决方法是先用无水酒精清洁计时电路附近的电路板。若还有故障，就需要更换电容和石英晶体了。

技能扩展

1. 认识主板上插座、插槽、接口、芯片等并标注，如图4-24所示。

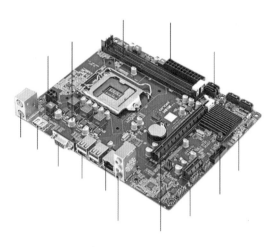

图 4-24　主板结构

2. 通过 BIOS 设置密码，并用跳线放电。

习题与思考

一、单选题

1. 目前主流主板上的硬盘接口为（　　　　）。

A. IDE　　　　　　　　B. SCSI　　　　　　　　C. HDMI　　　　　　　　D. SATA

2. 主板上标有 HDD-LED 的位置，是（　　　　）针座。

A. 扬声器 / 蜂鸣器　　　　　　　　　　B. 硬盘运行指示灯

C. 电源开 / 关　　　　　　　　　　　　D. 电源指示灯

3. 主板上的 PCI-E16X 扩展槽是（　　　　）的专用插槽。

A. 显卡　　　　　　　　B. 声卡　　　　　　　　C. 网卡　　　　　　　　D. 内置调制解调器

4.（　　　　）决定了主板支持的 CPU 和内存的类型。

A. 北桥芯片　　　　　B. 内存芯片　　　　　C. 内存颗粒　　　　　D. 南桥芯片

5. 现在的主板一般只提供（　　　　）个 SATA 接口。

A. 1　　　　　　　　　B. 2　　　　　　　　　C. 3　　　　　　　　　D. 4

二、多选题

1. 目前市场上主流主板的集成显卡接口有（　　　　）。

A. VGA　　　　　　　　B. HDMI　　　　　　　　C. DVI　　　　　　　　D. USB

2. 芯片组的主要生产厂家有（　　　　）。

A. Intel 公司　　　　B. VIA 公司　　　　　C. SiS 公司　　　　　D. ALi 公司

3. 以下属于主板上的扩展插槽的有（　　　）。

A. AGP　　　　　　B. PCI-E　　　　　　C. VGA　　　　　　D. PCI

4. 主板外部接口主要有（　　　）。

A. 显卡接口　　　　B. 键盘接口　　　　C. 鼠标接口　　　　D. 网卡接口

三、判断题

1. 主板性能的好坏不影响整个计算机系统的性能。　　　　　　　　　　　（　　）

2. 不同的主板使用不同的芯片组，不同的芯片组支持不同的 CPU。　　　　（　　）

3. 整合技术实际上就是把一些分离部件的功能集成到主板上。　　　　　　（　　）

4. 配置一台高性能价格比的 PC，首先要选购一块好的主板。　　　　　　　（　　）

四、简答题

1. 主板按结构可分为哪几种？

2. 主板上的 CPU 插座为 LGA1155，请问此主板支持哪种类型的 CPU？

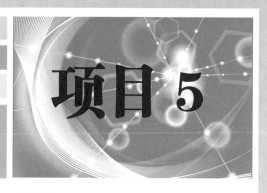

项目 5

认识外存器

学习目标

知识目标

- 阐明外存储器的作用。
- 列举外存储器的类型。
- 解释外存储器性能指标。

技能目标

- 能够正确安装外存储器。
- 能够对外存储器进行日常维护。
- 能够处理外存储器的一般故障。

素质目标

- 培养学生动手操作的实干精神。
- 培养学生分析和解决问题的能力。
- 培养学生精益求精的工匠精神。
- 培养学生团结合作的意识。
- 培养学生的职业规范和职业责任意识。

5.1　项目内容及实施计划

5.1.1　项目描述

了解外存储器在计算机中的作用，认识外存储器的类型，并能够完成外存储器的安装与维护。

5.1.2　项目实施计划

根据项目实施计划流程图，完成本项目的学习内容。

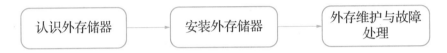

认识外存储器　→　安装外存储器　→　外存维护与故障处理

5.2　技能基础

5.2.1　外存储器的定义

外存储器是指除计算机内存及 CPU 缓存以外的存储器，此类存储器一般断电后仍然能保存数据。常见的外存储器有硬盘、光盘、U 盘和移动硬盘等。

5.2.2　外存储器的分类

1. 硬盘

硬盘是资料存储的主要设备，一旦有任何故障问题，均可能导致重要资料遗失，造成难以弥补的遗憾，因此，硬盘精良与否，决定了资料保存的安全性。目前市场上硬盘有各种不同的类型和规格，在价格、效能上也存在种种差异。

目前市场主流硬盘有机械硬盘（Hard Disk，HD）、固态硬盘（Solid State Disk，SSD）和混合式硬盘（Hybrid Hard Disk，HHD）三大类型。

（1）机械硬盘。

机械硬盘是传统硬盘，是计算机主要的存储媒介之一，尺寸为 3.5 英寸（1 英寸 ≈ 2.54 厘米）或者 2.5 英寸，如图 5-1 所示。机械硬盘

图 5-1　机械硬盘

由一个或者多个铝制或者玻璃制成的磁性碟片、磁头、转轴、控制电机、磁头控制器、数据转换器、接口和缓存等几个部分组成。工作时，磁头悬浮在高速旋转的碟片上进行数据读写。机械硬盘是集精密机械、微电子电路、电磁转换为一体的计算机存储设备。

（2）固态硬盘。

固态硬盘是由多个闪存芯片加主控及缓存组成的阵列式存储器，是以固态电子存储芯片阵列制成的硬盘，如图5-2所示。相对于机械硬盘，固态硬盘读取速度更快，寻道时间更短，可加快操作系统启动速度和软件启动速度。

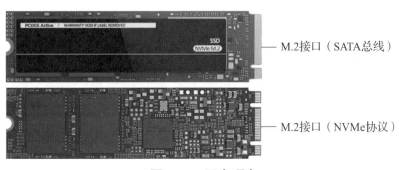

　　M.2接口（SATA总线）

　　M.2接口（NVMe协议）

图5-2　固态硬盘

（3）混合式硬盘。

混合式硬盘是一种基于传统机械硬盘诞生出来的新硬盘，除了机械硬盘必备的碟片、马达、磁头等，还内置了与非易失性型闪存颗粒储存用户经常访问的数据，从而达到如固态硬盘效果的读取性能。还有一类混合式硬盘，是把机械硬盘和闪存集成到一起的一种硬盘。它也是通过增加高速闪存来进行资料预读取（Prefetch），以减少从硬盘读取资料的次数。混合式硬盘是处于磁性硬盘和固态硬盘中间的一种解决方案，如图5-3所示。

2. U盘

U盘，全称是USB闪存驱动器，英文名为"USB flash disk"。它是一种使用USB接口的无须物理驱动器的微型高容量移动存储产品。目前的U盘不是单一的USB接口，而是集成了四口的设计，如图5-4所示。其中Lightning接口的写入速度为10~15MB/s，读取速度为10~30MB/s，USB3.0接口的写入速度为15~35MB/s，读取速度为30~80MB/s。

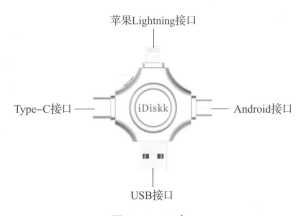

苹果Lightning接口

Type-C接口　　　iDiskk　　　Android接口

USB接口

图5-3　混合式硬盘　　　　　　　　图5-4　U盘

3. 移动硬盘

移动硬盘，目前主要指采用 USB 接口，尺寸为 2.5 英寸，可以随时插上或拔下，小巧而便于携带的硬盘存储器，如图 5-5 所示。移动硬盘可以以较高的速度与系统进行数据传输。USB 2.0 接口传输速率是 480Mbit/s，USB 3.0 接口传输速率是 5Gbit/s。

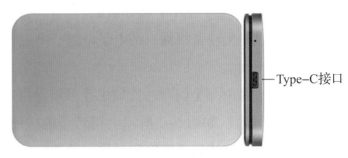

Type-C接口

图 5-5　移动硬盘

5.2.3　硬盘结构

硬盘是计算机系统中最重要的外存设备，计算机中的大量数据存储在硬盘中，所以把硬盘称作计算机数据的"仓库"。硬盘的结构，主要是硬盘的外部结构和内部结构。

1. 硬盘的外部结构

一款常见的 3.5 英寸的硬盘外部结构包括外壳和接口等。图 5-6 所示为硬盘外部接口。

2. 硬盘的内部结构

打开硬盘的外壳，可以一目了然地看清硬盘内部的组成，它主要由磁头、磁盘和主轴等组成，如图 5-7 所示。

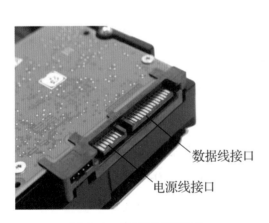

数据线接口

电源线接口

图 5-6　硬盘外部接口

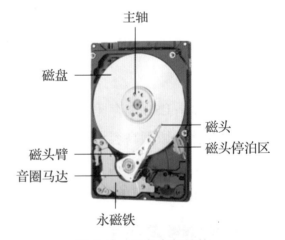

主轴

磁盘

磁头

磁头停泊区

磁头臂

音圈马达

永磁铁

图 5-7　硬盘内部结构

提示：硬盘的外壳应由专业人士在无尘环境下打开，一般情况不要打开硬盘的外壳。

5.2.4　硬盘的性能指标

机械硬盘参数主要包括容量、转速、缓存、数据传输速率和平均寻道时间等。

容量：硬盘的容量是指存储数据量的大小，单位为兆字节（MB）、吉字节（GB）或太字节（TB）。硬盘容量是用户购买硬盘要考虑的首要参数之一。硬盘是由几张单独的碟片叠加在一起组成的，所以每张碟片的容量直接关系到硬盘容量的大小。目前硬盘的单碟容量从500GB到8TB不等。

问题： 为什么硬盘实际容量与标识的容量不符呢？

转速：硬盘的转速以每分钟转转数来表示，单位为 r/min。转速是选购硬盘时最重要的参数之一，也是决定数据传输速率的关键因素，转速越高，其读取速度也就越快。目前台式机硬盘转速一般为 7200r/min 和 10000r/min，基于散热性能的考虑，笔记本电脑通常采用5400r/min 转速的硬盘。

缓存：缓存的作用是平衡内部与外部间的数据传输速率，通过预读、写缓存，减少系统的等待时间，提高数据传输速率。

数据传输速率：数据传输速率是指硬盘读写数据的速度，其单位为 Mbit/s。数据传输率可分为外部传输速率和内部传输速率。内部传输速率反映了硬盘缓存区未使用时的性能，内部传输速率主要依赖硬盘旋转速度。外部传输速率是系统总线与硬盘缓冲区之间的数据传输速率，外部数据传输速率与硬盘接口类型和缓存的大小有关，目前 SATA3.0 硬盘的最大传输速率为 750Mbit/s。

平均寻道时间：平均寻道时间是指硬盘的磁头移动到盘面指定磁道所需的时间。

5.3　实战演练

5.3.1　认识硬盘参数

一般硬盘的正面标签上标有硬盘的品牌，容量、转速等，如图 5-8 所示。

认识硬盘参数

图 5-8　硬盘参数

5.3.2　选购硬盘

硬盘的选购应考虑以下几个方面：

1. 明确硬盘用途

应用于服务器、图形工作站的企业级硬盘需要更大的存储容量、缓存，更高的转速，更短的寻道时间及更强的可靠性等。而应用于台式机、笔记本电脑等领域桌面级硬盘要求比企业硬盘低一些，选择500GB~1TB的容量就能满足要求。

2. 认准品牌

对于硬盘来说，生产厂家较少，目前生产传统硬盘的主要有希捷（Seagate）、西部数据（Western Digital）等，这些厂家生产的硬盘品质和售后有保障。

通过"中关村在线"的硬盘高级搜索页面设置搜索条件，选购硬盘，如图5-9所示。

图 5-9　选购硬盘

5.3.3　安装硬盘

目前机箱提供的硬盘安装越来越人性化，一个个的抽屉方便插拔的同时，将接口直接与机箱背侧的电源线相接，非常简单方便。

步骤1：从硬盘安装位拔下硬盘固定槽，在固定槽上安装硬盘，然后将固定槽插入硬盘安装位，如图5-10所示。

安装硬盘

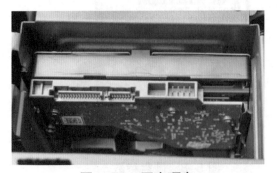

图 5-10　固定硬盘

步骤2：将电源接口和SATA接口在背侧接好，如图5-11所示。

图5-11 连接硬盘电源线和数据线

5.4 维护与故障处理

1. 维护

（1）不要突然关闭计算机电源。

（2）要避免硬盘的剧烈震动或者碰撞。

（3）保持机箱的清洁，不要有太多灰尘。

（4）不要轻易进行高级或者低级格式化。

（5）不要长期挂机下载，避免频繁读写操作，让硬盘适当休息。

（6）防高温、防潮、防电磁。

（7）从计算机上拆硬盘的时候注意要先清除手上静电，不然静电可能会击穿硬盘的电子元件。

2. 故障处理

故障现象1：BIOS中找不到硬盘。

解决方法：BIOS中找不到硬盘，可能是因为硬盘的供电电源线接触不良，导致硬盘不能工作，将电源线重新插入硬盘的电源接口即可。如果问题依然存在，有可能是因为硬盘的电路板损坏，找专业的维修点更换电路板或进行维修。

故障现象2：计算机开机后，硬盘发出"吱吱"声音。

解决方法：硬盘发出"吱吱"声音，一般情况就是硬盘中的磁盘出现故障，建议备份好硬盘中的数据，更换新的硬盘。

故障现象3：无法引导系统。

解决方法：硬盘故障会导致系统不能引导，不能正常使用计算机。首先要检查硬盘的电源线和数据线的连接情况。检查连线是否松动和接触不良是保证正常引导系统的前提条件。如果连线没有问题的话，也可能是因为引导文件丢失或被病毒破坏。

故障现象4：通电不转。

解决方法：通电不转，这是PCB电路板或主轴马达损坏的症状，实际上，硬盘这两个部件发生故障的概率远远小于磁头故障。磁头没有回归起落区而停留在碟片上时，也会产生这种现象。如果出现这种故障现象，应做好数据备份，换一块新硬盘。

故障现象5：提示格式化。

解决方法：硬盘提示格式化，说明硬盘分区的参数信息发生错误，例如硬盘分区的DOS引导记录（DOS Boot Recorder，DBR）结构部分或全部被破坏，常发生在移动存储热插拔、强制关机等情况下。这类故障常规数据恢复软件均可恢复。在极端情况下，如果分区关键区域存在坏道，也可能有相同的提示。如果通过数据恢复软件无法恢复，或软件提示循环冗余错误，即表明硬盘存在坏道，此时不要继续通过软件恢复，否则可能使坏道区域扩大，甚至损坏磁头造成更多的数据丢失。

技能扩展

1. 在一台PC中安装两块硬盘，分别是固态硬盘和机械硬盘，将操作系统安装在固态硬盘中。

2. 用DiskGenius软件检测硬盘的坏道并修复。

习题与思考

一、单选题

1. 外存储器是指（   ）。

A. CPU   B. 硬盘   C. 内存   D. 主板

2. 目前主流的硬盘接口为（   ）。

A. SCSI   B. SAS   C. IDE   D. SATA

3. 目前主流PC硬盘的转速是（   ）。

A. 5400r/min   B. 7200r/min   C. 5400r/s   D. 7200r/s

4. 目前主流笔记本电脑硬盘的转速是（   ）。

A. 5400r/min   B. 7200r/min   C. 5400r/s   D. 7200r/s

二、多选题

1. 外存储设备包括（   ）。

A. U盘   B. 硬盘   C. 光盘   D. 内存

2. 硬盘接口主要有（　　　）。

A. SCSI   B. SAS   C. IDE   D. SATA

三、判断题

1. PC 硬盘的接口通常为 SAS。　　　　　　　　　　　　　　　　　（　　　）

2. 机械硬盘的转速为 7200r/min。　　　　　　　　　　　　　　　（　　　）

四、简答题

1. 简述硬盘的主要性能指标。

2. 一块 2TB 硬盘，为什么格式化后计算机的磁盘容量大小显示为 1862.64GB？

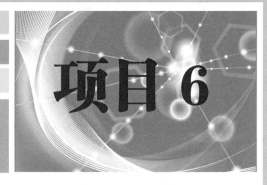

项目 6

认识机箱与电源

🔎 学习目标

知识目标

- 阐明机箱和电源的作用。
- 列举机箱与电源的类型。

技能目标

- 能够正确安装电源。
- 能正确连接机箱控制面板线。
- 能够对外电源进行日常维护。
- 能够处理外电源的一般故障。

素质目标

- 培养学生动手操作的实干精神。
- 培养学生分析和解决问题的能力。
- 培养学生精益求精的工匠精神。
- 培养学生的整体意识。
- 培养学生的职业规范和职业责任意识。

6.1　项目内容及实施计划

6.1.1　项目描述

了解机箱和电源在计算机中的作用，认识机箱的类型及电源的外部结构，并能够完成电源的安装与维护。

6.1.2　项目实施计划

根据项目实施计划流程图，完成本项目的学习内容。

认识机箱 → 认识电源 → 安装电源 → 安装供电接口 → 连接主板控制线 → 维护与故障处理

6.2　技能基础

6.2.1　认识机箱与电源

机箱主要用于放置和固定各计算机配件，起到承托和保护作用，同时还具有屏蔽电磁辐射的作用。电源负责将普通市电转换为计算机可以使用的电压，计算机中所有元件都必须依靠电源才能运转，因此电源能够提供稳定的电流输出是选购电源时不可忽视的要素。

认识机箱

6.2.2　机箱的类型

1. ATX 标准型机箱

ATX 机箱将 I/O 接口统一放置在同一端，如图 6-1 所示，改善了 CPU、内存及显卡等元件的安装位置，另外，ATX 的散热设计有效地解决了安装硬件时的阻挡和散热问题。由于 ATX 机箱空间较大，各种装置的安装与连接方便，因此是最常用的机箱类型。

2. Micro-ATX 紧凑型机箱

Micro-ATX 机箱是 ATX 机箱的简化版，如图 6-2 所示。它通过减少固定架来达到缩小机箱的目的，但也因此在扩充硬盘和光驱的空间上受到限制。

3. Mini-ITX 迷你型机箱

Mini-ITX 机箱属于小机箱类型，其结构更为简单，如图 6-3 所示。Mini-ITX 加强了机箱的散热设计，改善了热空气对流等，另外还具有防噪声功能。但是由于市场上配套使用的计算机元件较少，因此家庭中较少使用。

图 6-1　ATX 机箱

图 6-2　Micro-ATX 机箱

图 6-3　Mini-ITX 机箱

注意： 在选购机箱时要保证机箱与主板对应，一定要注意避免选的机箱和主板不匹配，如 ATX 机箱一般安装 30.5cm×24.4cm 的主板，而 Micro-ATX 机箱对应的主板尺寸为 24.4cm×22.9cm。

6.2.3　机箱的结构

机箱主要分为内部结构和外部结构。

1. 机箱内部结构

不同类型的机箱，其内部结构也不相同。入门级机箱只能满足一般用户装机需求。它提供了基本的电源位、硬盘位，以及安装主板和散热器的空间。而更高端的机箱则会为用户提供更合理的走线区域，更多的硬盘架、光驱扩展区域，以及自带散热风扇设计等。目前很多机箱提供了独立的侧板走线区域，可以让完美主义者将杂乱无章的各类线材整理得更加美观。机箱的内部结构如图 6-4 所示。

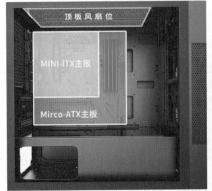

图 6-4　机箱内部结构

2. 机箱外部结构

机箱的外部结构主要包括前置面板和后置面板，如图 6-5 所示。前置面板主要有开机按钮、USB 接口、音频接口、指示灯等。后置面板包括电源固定位、I/O 挡板固定位、扩展卡固定位等。

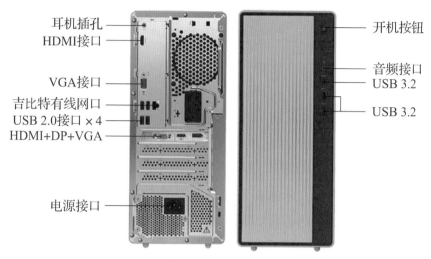

耳机插孔
HDMI接口
VGA接口
吉比特有线网口
USB 2.0接口×4
HDMI+DP+VGA
电源接口

开机按钮
音频接口
USB 3.2
USB 3.2

图 6-5　机箱外部结构

3. 机箱内主板控制线

机箱前置面板背面控制线主要有 POWER SW（电源开关）、+/- PLED（电源指示灯）、H.D.D LED（硬盘指示灯）、RESET SW（重启），信号线有前置 USB、前置 AUDIO（音频）等，如图 6-6 所示。对于装机新手来说，机箱主板控制线的连接是最难的。由于每个主板连接有所不同，连接时请参考主板说明书和主板标识。

图 6-6　机箱内主板控制箱

6.2.4　电源

计算机电源是一种安装在主机箱内的封闭式独立部件，如图 6-7 所示。它的作用是将交流电变换为 +5V、-5V、+12V、-12V、+3.3V、-3.3V 等不同电压、稳定可靠的直流电，供给主机箱内的主板、CPU、各种适配器和扩展卡、硬盘驱动器及键盘、鼠标等使用。

温控风扇

市电接口

认识电源

图6-7　电源

1. 输出功率与电压

输出功率是指直流电（DC）的输出功率，单位为瓦特（W），如300W和350W等。输出功率越大，可连接的装置就越多，未来扩充硬件时就比较容易。一般厂商除了标识输出功率外，还会标出各种电压（+3.3V、+5V、-5V、+12V、-12V）所对应的电流大小，如图6-8所示。

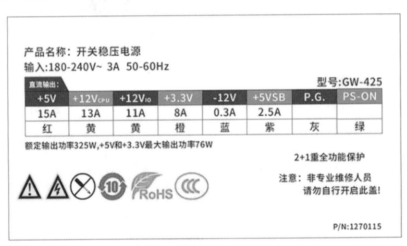

图6-8　电源功率与输出电压

搭载在主板上各种板载芯片主要用到的供电是+5V和+3.3V，而+12V则主要供给PCI-E、PCI插槽以及风扇接口使用，其中PCI-E插槽除了+12V外还会用到+3.3V的供电，PCI插槽则需要用到+12V、-12V及+5V。内存插槽所用到的供电是+3.3V，不过其额外配置有电压转换电路，会把+3.3V转换为内存的工作电压如1.5V、1.2V等，再供给内存使用。

USB接口则主要用到+5V供电，因此对于需要连接很多USB设备的玩家来说，+5V供电的输出功率不能太小。而-12V供电实际上需要用到的机会很小，即使用到也不需要高功率，因为它只是给串口或者PCI接口设备做电平判断使用，因此PC电源的-12V输出功率大都不超过10W，甚至更低。

在主板供电需求当中，+5VSB是一个比较特殊的存在。+5VSB也叫作+5V待机，因为这一路在开机状态下实际上是不需要使用的，反而是关机状态下才需要使用。+5VSB在电源接上电源线并打上开关后就马上开始输出，主要是给主板上的主要芯片提供待机电流，便于快速唤醒和开机使用。另外有部分主板在关机状态下仍然支持通过 USB 接口给手机充电，这里也需要用到 +5VSB。因此现在不少电源都比较注重 +5VSB 的输出电流，一般都不会低于 2A。

2. 电源接口

电源接口有主板电源接口、CPU 供电接口、硬盘供电接口等，下面我们来识别电源的各种接口。

（1）24 针电源接口。

目前在 ATX2.2 的规范中，定义了长方形，双排设计，共 24 针脚的主板电源插头，如图 6-9 所示。

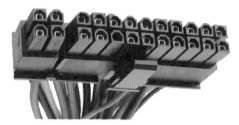

图 6-9　24 针主板电源接口

（2）4 芯电源接口。

除了主板电源接口以外，主板上还有一个 4 针或 8 针的 12V 电源插座，专门为 CPU 额外提供足够的电源，如图 6-10 所示。

（3）SATA 电源接口。

一般电源上有 4~6 个 SATA 接口，供 SATA 接口的硬盘和光驱使用，如图 6-11 所示。

图 6-10　4 芯电源接口

图 6-11　SATA 电源接口

6.3　实战演练

6.3.1　选购机箱与电源

选购机箱与电源时应考虑以下几点：

1. 明确需求

选购机箱与电源时，在机箱选购中区分机箱的类型，核对电源功率。

2. 认准品牌

目前市场上的机电品牌众多，如长城、航嘉等，尽量选购知名品牌的机箱和电源。

通过"中关村在线"的机电高级搜索页面设置搜索条件，选购机箱与电源，如图6-12所示。

图 6-12　选购机箱与电源

6.3.2　安装电源

安装电源一是要摆放在正确的位置，二是要将螺丝拧紧。

步骤 1：为了方便安装，首先将机箱平放在宽敞的桌子或平台上，然后将电源平稳移动到机箱对应安装位置，如图6-13所示。

步骤 2：将四个角的螺孔对齐，以螺丝固定，如图6-14所示。

安装电源

图 6-13　电源平放在安装位

图 6-14　固定电源

注意：固定电源时，用机箱内自带的螺丝进行固定。

6.3.3　连接供电接口

1. 连接主板供电接口

通常主板电源线插槽采用双排 24 针设计，一般位于内存插槽斜下方位置，采用防呆设计，如图 6-15 所示，只要将电源线接头按正确方向插入即可。

2. 连接 CPU 供电接口

从机箱电源输入线上找到 4 针电源插头（其特点为两根黄色、两根黑色），在主板的 CPU 附近找到对应的 4 孔接口，把电源插头插在主板上的电源接口上，并使两个塑料卡子互相卡紧，如图 6-16 所示。

图 6-15　连接主板供电接口

图 6-16　连接 CPU 供电接口

6.3.4　连接面板控制线

通常机箱面板上信号线与控制线接口在一起，并且很明显地标识在主板上，所以，只需要正确地认识这些接口，并一一对应，以及注意线的插入方向就可以正确连接。

机箱面板控制线
连接

步骤 1：连接机箱前置面板控制线，如图 6-17 所示。在机箱面板的连接中，要注意的是电源开关（Power SW）和复位开关（Reset SW）是触点连接，可以不分正负。PC 扬声器不分正负也可以正常发声。但是硬盘指示灯（H.D.D LED）和电源指示灯（POW LED）是发光二极管，而发光二极管要发光是需要正确的电流方向的，所以在连接时要注意这两根线的白色线接负极，而红色或蓝色线接正极，才能保证发光二极管正确发光。

图 6-17　连接机箱前置面板控制线

注意：（H.D.D LED）控制线的正负极与主板上正负极对应。

步骤2：前置 USB 和音频两种信号线均采用了防呆设计，所以在插入主板时，直接插入对应插槽即可，不必担心发生插反的情况，如图 6-18 所示。

图 6-18　前置 USB 和音频信号线连接

6.4　维护与故障处理

1. 维护

电源盒是最容易集结灰尘的部位，一般每隔半年清洗一次。如果电源风扇发出的声音较大，就可以清洗积尘和加点润滑油，进行简单维护；如果电源风扇工作不正常，时间长了就有可能烧毁电机，造成整个开关电源的损坏。由于电源风扇封在电源盒内，拆卸不太方便，所以一定要注意操作方法。

步骤1：拆风扇，先断开主机电源，拔下电源背后的插头。然后拔下与电源连接的所有配件的插头和连线，卸下电源盒的固定螺丝，取出电源盒。观察电源盒外观结构，合理准确地卸下螺丝，取下外罩。取外罩时要把电线同时从缺口处撬出来。卸下固定风扇的四个螺丝，取出风扇，可以暂不取下两根电源线。

步骤2：清洗积尘，用纸板隔离好电源电路板与风扇后，可用小毛刷或湿布将积尘擦拭干净，也可以使用皮老虎吹风扇风叶和轴承中的积尘。

步骤3：加润滑油，撕开不干胶标签，用尖嘴钳挑出橡胶密封片。找到电机轴承，一边加润滑油，一边用手拨动风扇，使润滑油沿着轴承均匀流入，一般加 2~3 滴即可。要注意滚珠轴承的风扇是否有两个轴承，别忽略了给进风面的轴承上油，上油不要只上在主轴上。

步骤4：加垫片，如果风扇发出的是较大的"突突"噪声，一般光清洗积尘和加润滑油是不能解决问题的，这时拆开风扇后会发现扇叶在轴向滑动距离较大。取出橡胶密封片后，用尖嘴钳分开轴上的卡环，下面是垫片，此时可取出风扇转子（与扇叶连成一行），以原垫片为标准，用厚度适中的薄塑料片制成一个垫片。把制作好的垫片放入原有的垫片之间，注意垫片不要太厚，轴向要保持一定的距离。用手拨动叶片，风扇转动顺畅就可以了。最后装上卡环、橡胶密封片，贴上标签。注意放好主轴上的垫片、橡胶密封片、弹簧等小零件，以免散落后不知如何复位。

总之，电源是计算机工作的动力，如果电源风扇出了故障，引发的后果是严重的，因此要定期地对电源进行维护和保养。

2. 故障处理

故障现象 1：电源风扇不转或发出响声。

解决方法：计算机电源的风扇通常采用 +12V 直流风扇。如果电源输入输出一切正常，而风扇不转，多为风扇电机损坏。如果发出响声，其原因之一是由于机器长期的运转或运输过程中的激烈振动引起风扇的 4 个固定螺钉松动，需要将松动的螺钉拧紧；其二是风扇内部灰尘太多或含油轴承缺油，只要及时清理或加入适量的润滑油，故障就可排除。

故障现象 2：电源负载能力差。

电源负载能力差主要表现为：电源在轻负载情况下能正常工作，而在配上大硬盘、扩充其他设备时，电源工作就不正常。这种情况一般是功率变换电路的开关管 VT1、VT2 性能不好，滤波电容器 C5、C6 容量不足。需要更换滤波电容，更换时应注意两个电容的容量和耐压值必须一致。

故障现象 3：按机箱开机键，主板不通电。

解决方法：此故障产生的原因有可能是开机键失灵或老化。如果是失灵或老化，更换开机键或直接短接 POWER 控制线进行开机。

故障现象 4：计算机中有电源输出，但是开机无显示。

解决方法：出现此故障的可能原因是 POWERGOOD 输入的 RESET 信号延迟时间不够，或 POWERGOOD 无输出。开机后，用电压表测量 POWERGOOD 的输出端，如果无 +5V 输出，再检查延时元器件，若有 +5V 则更换延时电路的延时电容即可。

故障现象 5：计算机在每次开机过程中都会自动重启一次，而且在重复一次自检之后才能进入操作系统。

解决方法：启动时重新引导通常是主板的故障而引起的，电源输出不稳定也可能造成这种故障现象，对这两个设备进行检查。

技能扩展

1. 观察电源，对比不同电源的重量；说明电源是属于哪类电源；观察电源接口，说明每个接口用于连接什么样的设备。

2. 观察机箱中电源的安装位置。

3. 用万用表测量每个供电接口输出的电压。

习题与思考

一、单选题

1. 目前市场上最常见的机箱结构是（　　　）。

A. AT　　　　　　　B. Micro ATX　　　　　C. BTX　　　　　　D. ATX

2. 机箱按外观分类有（　　　）。

A. 卧式机箱和立式机箱　　　　　　　　　B. AT 机箱和 ATX 机箱

C. ATX 机箱和 BTX 机箱　　　　　　　　D. ATX 机箱和 Micro ATX 机箱

3. 机箱面板控制线 H.D.D-LED 是（　　　）设备的指示灯。

A. 主板　　　　　　B. 硬盘　　　　　　　C. 电源　　　　　　D. 内存

4. 主流主板供电电源接口为（　　　）针。

A. 20　　　　　　　B. 15　　　　　　　　C. 24　　　　　　　D. 10

5. 电源功率的单位是（　　　）。

A. V　　　　　　　B. A　　　　　　　　C. W　　　　　　　D. Ω

6. SATA 接口的驱动器的电源电缆插座有（　　　）针。

A. 15　　　　　　　B. 7　　　　　　　　C. 4　　　　　　　　D. 2

7. 对计算机的输入电源来说，我国采用的是（　　　）的交流电源。

A. 110V　　　　　　B. 220V　　　　　　　C. 5V　　　　　　　D. 12V

二、多选题

1. 机箱内的前置面板线主要有（　　　）。

A. POWER-SW　　B. PWR-LED　　　　C. HDD-LED　　　　D. SPAKER

2. 普通 ATX 机箱前置 USB 一般有（　　　）个接口。

A. 1　　　　　　　B. 2　　　　　　　　C. 3　　　　　　　　D. 4

3. 机箱前置 USB2.0 和 USB3.0 接口的颜色为（　　　）。

A. 白色　　　　　　B. 黑色　　　　　　　C. 蓝色　　　　　　D. 绿色

4. 按机箱板式分类，有哪几种（　　　）。

A. ITX 机箱　　　　B. Mini 机箱　　　　　C. ATX 机箱　　　　D. E-ATX 机箱

5. 电源输出的电压有（　　　）。

A. +5V　　　　　　B. 3.3V　　　　　　　C. 12V　　　　　　　D. 1.5V

6. 电源主要供电部件有（　　　）。

A. 主板　　　　　　B. 硬盘　　　　　　　C. CPU　　　　　　　D. 机箱

7. 电源的技术指标包括（　　　）。

A. 多国认证　　　　B. 噪声和滤波　　　　C. 电源效率　　　　D. 发热量

三、判断题

1. 判断机箱品质优劣最简单的方法可以掂量一下机箱的重量，同体积的机箱越重越好。　　　　　　　　　　　　　　　　　　　　　　　　　（　　）

2. 按材质可以将机箱分为卧式机箱和立式机箱。　　　　　　　　（　　）

3. 机箱不能屏蔽电磁辐射。　　　　　　　　　　　　　　　　　（　　）

4. 卧式机箱内不能安装 ATX 结构主板。　　　　　　　　　　　（　　）

5. 机箱内安装硬盘位置的尺寸为 3.5 英寸。　　　　　　　　　　（　　）

6. 电源的功率越大越好。　　　　　　　　　　　　　　　　　　（　　）

7. 电源上的安全认证标识 CCEE 是中国电工产品论证委员会质量认证标志。（　　）

8. 电源效率和电源设计线路有密切关系，高效率电源可以提高电能的使用效率，在一定程度上可以降低电源的自身功耗和发热量。　　　　　　　　　（　　）

9. 主流电源只有一个为主板供电的 20 线接口。　　　　　　　　（　　）

四、简答题

1. 简述机箱的主要作用。

2. 简述机箱内常用的安装部件。

3. 电源的额定功率和最大功率有什么区别？

4. 若要正确使用电源，应注意哪些问题？

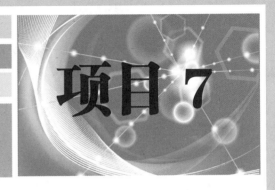

项目 7

认识 I/O 设备

学习目标

知识目标

- 辨认不同的 I/O 设备。
- 列举 I/O 设备的类型。
- 解释 I/O 设备性能指标。

技能目标

- 能够正确安装独立显卡及网卡。
- 能够对 I/O 设备进行日常维护。
- 能够处理 I/O 设备的一般故障。

素质目标

- 培养学生动手操作的实干精神。
- 培养学生分析和解决问题的能力。
- 培养学生精益求精的工匠精神。
- 培养学生的职业规范和职业责任意识。

7.1 项目内容及实施计划

7.1.1 项目描述

辨认计算机中的输入和输出设备，正确安装显卡，并解决显卡故障。

7.1.2 项目实施计划

根据项目实施计划流程图，完成本项目的学习内容。

7.2 技能基础

7.2.1 认识输出设备

输出设备（Output Device）是计算机硬件系统的终端设备，用于接收计算机数据的输出显示、打印、声音、控制外围设备的操作信息，并把各种计算结果数据或信息以数字、字符、图像、声音等形式表现出来。常见的输出设备有显示器、显卡、投影仪、打印机、音响系统等。

1. 显示器

根据制造材料的不同，显示器可分为阴极射线管（Cathode Ray Tube，CRT）显示器、液晶显示器（Liquid Crystal Display，LCD）等。

（1）CRT 显示器。

CRT 显示器是一种使用阴极射线管的显示器。CRT 纯平显示器具有可视角度大、无坏点、色彩还原度高、色度均匀、可调节的多分辨率模式、响应时间极短等液晶显示器难以超越的优点。CRT 显示器按照不同的显像管又分为球面、平面、直角、物理纯平和视觉纯平显示器5 种。如图 7-1 所示。CRT 显示器体积大，不便于搬动，导致使用 CRT 显示器的用户很少。

（2）液晶显示器。

液晶显示器具有机身薄、占地小、辐射小等优点，非常适合办公和家用。液晶显示器的发热量非常低，耗能比同尺寸的 CRT 显示器低了 60%~70%，当前它已经替代 CRT 显示器。

认识I–O输出设备

目前主流的液晶显示器按照屏幕分为直面和曲面，如图 7-2 所示。

图 7-1　CRT 显示器

图 7-2　液晶显示器

曲面显示器比普通显示器有更好的体验，人的眼球是凸起有弧度的，曲面屏幕的弧度可以保证眼睛的距离均等，从而曲面屏幕可以带来更好的感官体验。除了视觉上的不同体验，曲面显示器给人的视野更广，因为微微向用户弯曲的边缘能够更贴近用户，与屏幕中央位置实现基本相同的观赏角度，同时曲面屏幕可以让我们体验到更好观影效果。

2. 显卡

显卡全称显示接口卡，又称显示适配器，是计算机最基本、最重要的配件之一。显卡具有图像处理能力，并可协助 CPU 工作，提高计算机的整体运行速度。显卡分独立显卡和集成显卡两种。

图 7-3　独立显卡

3. 投影仪

投影仪，又称投影机，是一种可以将图像或视频投射到幕布上的设备，如图 7-4 所示。投影仪可以通过不同的接口同计算机、DVD、游戏机、DV 等相连接，播放相应的视频信号。投影仪目前广泛应用于家庭、办公室、学校和娱乐场所，根据工作方式不同，有 CRT、LCD、数字光投影技术（Digital Light Projection，DLP）等不同类型。

图 7-4　投影仪

投影仪的背面有各种接口，分别是 VGA、HDMI、DP、控制接口、视频输入接口、电源接口、音频接口、USB 接口等，分别接不同的设备，如图 7-5 所示。

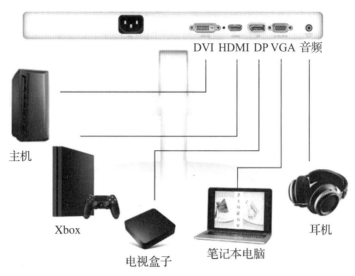

图 7-5　投影仪接口

4. 打印机

打印机（Printer）是计算机的输出设备之一，用于将计算机处理结果打印在相关介质上。衡量打印机好坏的指标有 3 项：打印分辨率、打印速度和噪声。打印机按工作方式分为针式打印机、喷墨式打印机、激光打印机等。

（1）针式打印机。

针式打印技术的优点是可以用无碳复写纸打印双联和多联的票据，如果使用好的色带，字迹褪色很慢，缺点是打印速度慢、噪声大，打印效果差，维护成本较高。很多场合都需要复写，特别是财务领域，比如打印增值税发票、快递单等，如图 7-6 所示。

（2）喷墨打印机。

喷墨打印机因其有着良好的打印效果与较低成本的优点而占领了广大中低端市场。喷墨打印机还具有更为灵活的纸张处理能力，在打印介质的选择上，喷墨打印机也具有一定的优势：既可以打印信封、信纸等普通介质，也可以打印各种胶片、照片纸、光盘封面、卷纸等特殊介质，如图 7-7 所示。

图 7-6　针式打印机

图 7-7　喷墨打印机

（3）激光打印机。

激光打印机分为黑白和彩色两种，它为我们提供了更高质量、更快速、更低成本的打印方式。它的打印原理是利用光栅图像处理器产生要打印页面的位图，然后将其转换为电信号等一系列的脉冲送往激光发射器。在这一系列脉冲的控制下，激光被有规律地放出。与此同时，反射光束使接收它的感光鼓感光。激光发射时就产生一个点，激光不发射时就是空白，这样就在接收器上印出一行点来。然后接收器转动一小段固定的距离继续重复上述操作。当纸张经过感光鼓时，鼓上的着色剂就会转移到纸上，印成了页面的位图。最后当纸张经过一对加热辊后，着色剂被加热熔化，固定在纸上，就完成打印的全过程。整个过程准确而且高效。激光打印机如图7-8所示。

5. 音响系统

音响系统很重要的一种设备是音箱，音箱可将音频信号变换为声音。通俗地讲就是指音箱主机箱体或低音炮箱体内自带功率放大器，对音频信号进行放大处理后回放出声音，使声音变大，如图7-9所示。

图 7-8　激光打印机

图 7-9　音箱

7.2.2　认识输入设备

1. 键盘

键盘是最常用，也是最主要的计算机输入设备之一，如图7-10所示。通过键盘可以将英文字母、数字、标点符号等输入到计算机中，从而向计算机发出命令、输入数据等。

认识I-O输入设备

图 7-10　键盘

键盘从结构上可以分为机械式、塑料薄膜式、导电橡胶式、电容式等，按接口形式可分为 PS/2 和 USB 接口。

通常键盘的右上方会有 3 个指示灯，从左到右分别为 Num Lock、Caps Lock、Scroll Lock，如图 7-11 所示。不同品牌键盘指示灯略有差异，不过功能是没有差别的。

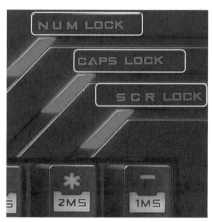

图 7-11　键盘指示灯

• Num Lock：锁定或开启数字小键盘指示灯，灯亮表示开启状态，灯灭表示锁定状态。

• Caps Lock：表示打字时大小写的输入状态的指示灯，灯亮时输入为大写，灯灭则为小写。

• Scroll Lock：计算机键盘上滚动锁定键指示灯，灯亮时在 Excel 中按上下键滚动时，会锁定光标而滚动页面；如果灯灭，则按上下键时会滚动光标而不滚动页面。

2. 鼠标

鼠标的标准称呼是"鼠标器"，英文名"Mouse"。鼠标是计算机的一种输入设备，也是计算机显示系统纵横坐标定位的指示器，因形似老鼠而得名"鼠标"。鼠标的使用可以代替键盘烦琐的指令，使计算机的操作更加简便快捷。

如今的鼠标多采用光电感应器，根据感应器的不同，可将鼠标分为光电鼠标和激光鼠标。

（1）光电鼠标。

光电鼠标是通过红外线或激光检测鼠标的位移，将位移信号转换为电脉冲信号，再通过程序的处理和转换来控制屏幕上的光标箭头移动的一种硬件设备，如图 7-12 所示。光电鼠标的光电传感器取代了机械鼠标的滚球。这类传感器需要与特制的、带有条纹或点状图案的垫板配合使用。

（2）激光鼠标。

激光鼠标其实也是光电鼠标，只不过是用激光代替了普通的发光二极管（Light Emitting Diode，LED）光，如图 7-13 所示。激光鼠标的优势主要是表面分析能力上的提升，借助激光引擎的高解析能力，能够非常有效地避免传感器接收错误或者是模糊不清的位移数据，更为准确的移动表面数据回馈将会非常有利于鼠标的定位，这样我们就可以在很多光电鼠标无法使用的表面进行操作。

图 7-12　光电鼠标

图 7-13　激光鼠标

3. 扫描仪

扫描仪（Scanner）是利用光电技术和数字处理技术，以扫描方式将图形或图像信息转换为数字信号的装置，如图 7-14 所示。照片、文本页面、图纸、美术图画、照相底片、菲林软片，甚至纺织品、标牌面板、印制板样品等都可作为扫描对象。

图 7-14　扫描仪

7.3　实战演练

7.3.1　认识PS/2接口

目前扫描仪、打印机、鼠标、键盘常用的接口为 USB 接口，但键盘、鼠标也有 PS/2 接口，其中键盘为紫色，鼠标为绿色，如图 7-15 所示。

图 7-15　PS/2 接口

认识PS2接口
及显示接口

7.3.2　认识显示器接口

目前主流液晶显示器视频接口主要有两种，分别是 HDMI 接口和 D–Sub 接口，如图 7–16 所示。

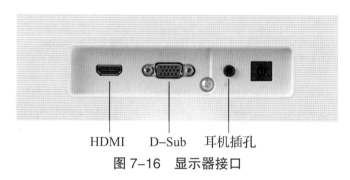

HDMI　　　D–Sub　　耳机插孔

图 7–16　显示器接口

7.3.3　选购显卡与显示器

1. 明确用途

根据"够用""适用"的原则选择合适的显卡和显示器，办公或家用计算机建议不单独配显卡，一般主板集成显卡够用。

2. 认准品牌

目前主流的显卡主要有七彩虹、铭瑄、联想等，主流的显示器有三星、AOC 等，不同厂家有不同的质保，一般来说，国内品牌的售后服务比较有保障。

通过"中关村在线"的显卡和显示器高级搜索页面设置搜索条件。

（1）选购显卡时应注意显卡的接口跟显示器匹配，如图 7–17 所示。

图 7–17　选购显卡

（2）选购显示器时应注意显示器的视频接口是否支持已选显卡接口，如图 7-18 所示。

图 7-18　选购显示器

7.3.3　安装显卡

将显卡对准主板上的 PCI-E 插槽后插稳，用螺丝钉与主板固定即可。一些显卡还需要插上辅助供电连接线才能正常运行。如图 7-19 所示。

安装显卡

图 7-19　安装显卡

7.4　维护与故障处理

1. 维护

对于经常使用计算机者来说，键盘的使用频率非常高，如果不清理的话就会有大量污垢和垃圾残留，久而久之就成了微生物和细菌的聚集地，如图 7-20 所示。

图 7-20 键盘中的污垢

提示：键盘维护前先拔掉连接线，在无电状态下进行维护。

键盘维护非常简单，只需 4 步就能轻松完成。

步骤 1：准备清洁工具，如毛刷、清洁剂、纤维布等，如图 7-21 所示。

步骤 2：将键盘连接线从计算机主机上拔下，用毛刷对粘在键盘表面的碎屑或尘土进行清扫，如图 7-22 所示。

步骤 3：将清洁剂喷在纤维布上，然后用纤维布擦拭键盘，如图 7-23 所示。

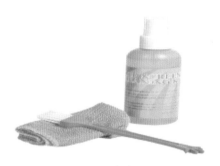

图 7-21 清洁工具

图 7-22 清洁键盘

图 7-23 擦拭键盘

步骤 4：等键盘晾干后，把键盘安装回去。

2. 故障处理

故障现象 1：投影机的画面出现色彩失真。

解决方法：造成此故障的原因通常是投影机的色彩设置出现问题，可以打开投影机的设置菜单，把色彩重新设置一下，使色彩达到最佳的状态。如不能解决的话，可以检查信号线是否插稳，插针是否有损坏的。

故障现象 2：投影机不能投出整个图像的内容。

解决方法：不能投出整个图像的内容的原因是投影机的分辨率有问题，可以重新调整分辨率来解决此故障。

故障现象3： 计算机开机后显示器无信号提示。

解决方法： 首先检查计算机是否正常开机工作，按键盘上 Num Lock 键，如果相应的指示灯亮，说明计算机正常工作状态，然后检查一下连接线两个插头是否松动，如果仍然存在问题，可以考虑更换一根显示器视频连接线。

技能扩展

1. 安装打印机、投影仪并能正常工作。

2. 调节显示器的亮度、对比度等。

3. 安装 PS/2 键盘和鼠标。

习题与思考

一、单选题

1. 下列属于计算机的基本组成部件和不可缺少的输入设备的是（　　　）。

A. 键盘　　　　　　B. 显示器　　　　　　C. 鼠标　　　　　　D. 音箱

2. 键盘上的（　　　）键称为回车键。

A. Enter　　　　　　B. Tab　　　　　　C. Caps Lock　　　　　　D. Shift

3. PS/2 鼠标接头通过一个（　　　）针接口与计算机相连。

A. 5　　　　　　B. 6　　　　　　C. 9　　　　　　D. 25

4.（　　　）越小，液晶显示器各液晶分子对输入信号反应的速度就越快，画面的流畅度就越高。

A. 显示器的尺寸　　B. 亮度、对比度　　C. 可视角度　　　　D. 响应时间

5. 显卡上最大的芯片是（　　　）。

A. 显示芯片　　　　B. 显存芯片　　　　C. 数模转换芯片　　　D. 显卡 BIOS

二、多选题

1. 投影仪主要的输入接口有（　　　）。

A. VGA　　　　　　B. DVI　　　　　　C. HDMI　　　　　　D. S 端子

2. 键盘 / 鼠标按接口分为（　　　）。

A. PS/2 接口　　　　B. USB 接口　　　　C. COM 接口　　　　D. 以上均有

3. 网卡的类型有（　　　）。

A. 无线网卡　　　　B. 集成网卡　　　　C. 独立网卡　　　　D. 吉比特网卡

4.目前主流独立显卡主要接口有（　　　　）。

A. VGA　　　　　　B. DVI　　　　　　C. DP　　　　　　D. HDMI

5.普通打印机按工作方式主要分为（　　　　）。

A.针式打印机　　　B.喷墨打印机　　　C.3D打印机　　　D.激光打印机

三、判断题

1.针式打印机可以供办公使用。　　　　　　　　　　　　　　　　　　（　　　）

2.用VGA视频线可以连接投影仪与笔记本电脑。　　　　　　　　　　（　　　）

3.PS/2接口的鼠标、键盘支持热插热拔。　　　　　　　　　　　　　（　　　）

4.液晶显示器也称LCD。　　　　　　　　　　　　　　　　　　　　（　　　）

5.响应时间越短，液晶显示器各液晶分子对输入信号反应的速度就越快，画面的流畅度就越高。　　　　　　　　　　　　　　　　　　　　　　　　　　　　　（　　　）

四、简答题

1.简述液晶显示与CRT显示器的区别。

2.简述显卡的性能指标。

3.集成网卡损坏，是否可以用独立网卡替代？

项目 8

计算机硬件系统安装

🔎 学习目标

知识目标

• 说出 DIY 安装准备工作。

• 概述 DIY 安装流程。

技能目标

• 能够正确 DIY 整机安装。

• 能够解决安装过程遇到的故障。

素质目标

• 培养学生动手操作的实干精神。

• 培养学生分析和解决问题的能力。

• 培养学生精益求精的工匠精神。

• 培养学生的合作意识和合作能力。

• 培养学生的职业规范和职业责任意识。

8.1　项目内容及实施计划

8.1.1　项目描述

了解 DIY 安装前的准备及流程，正确安装计算机部件，开机测试。

8.1.2　项目实施计划

根据项目实施计划流程图，完成本项目的学习内容。

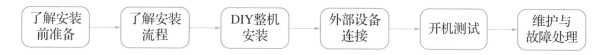

8.2　技能基础

8.2.1　模拟攒机

攒机首先根据"适用""够用"的原则选购配件。

适用指对计算机特定使用的需求。用户使用目的不同，对计算机的要求也千差万别。例如，学生使用计算主要用于学习和娱乐；专业人士则强调功能适应其工作需求；"发烧级"计算机爱好者不仅追求高品质，且对配置要求很高。用户在选择计算机时一定要清楚自己的需求，选择时做到有的放矢。

够用指商家为满足用户需求而提供的硬件、软件。硬件主要指 CPU、主板、硬盘、显卡等，而软件主要指厂商提供的操作系统以及附送的一系列学习、娱乐、办公软件。应避免配置过高而造成的浪费或配置不足而不能满足需求。

8.2.2　拟定配置方案

配置方案主要分为：经济实惠型、家用学习型、网吧游戏型、商务办公型、疯狂游戏型、图形音像型。下面拟配置家用学习型计算机一套，配置清单见表 8-1。

表 8-1　配置清单

配件	型号	数量	价格 / 元
CPU+ 散热器	AMD Ryzen 5 3500X	1	1099
主板	微星 B450M MORTAR MAX	1	459
内存	海盗船 CM4X16GC3200C16W2E	1	580
硬盘	希捷 ST2000DM008	1	409
显卡	七彩虹战斧 GeForce GTX 1650 4GD6	1	1099
机箱	长城阿基米德 KM-1	1	199
电源	长城 HOPE-6000DS	1	259
显示器	长城 24AL75IH	1	659
键盘	罗技 K845 有线机械键盘	1	100
鼠标	罗技 G102	1	100
整机价格			4963

通过计算机模拟配置清单中配件的详细参数，见表 8-2。

表 8-2　配件参数

配件	参数	实物图
CPU	适用类型：台式机 主频：3.6GHz 动态加速频率：4.1GHz 核心数量：六核心 插槽类型：Socket AM4	
散热器	散热器类型：CPU 散热器 散热方式：风冷，热管 适用范围：AMD 系列 电源参数：12V 最高转数：1600r/min 转数描述：600~1600 ± 10%r/min 噪声：9~31dB	

续表

配件	参数	实物图
主板	适用类型：台式机 主芯片组：AMD B450 音频芯片：集成 Realtek ALC892 7.1 声道音效芯片 内存类型：4×DDR4 最大内存容量：128GB 主板板型：Micro ATX 板型 外形尺寸：24.3cm×24.3cm	
内存	适用类型：台式机 内存容量：16GB 内存类型：DDR4 内存主频：3200MHz	
硬盘	适用类型：台式机 硬盘尺寸：3.5 英寸 硬盘容量：2000GB 缓存：256MB 转速：7200r/min 接口类型：SATA3.0 传输速率：6Gbit/s	
显卡	芯片厂商：NVIDIA 核心频率：1410~1590MHz 显存频率：12000MHz 显存类型：GDDR6 显存容量：4GB 显存位宽：128bit 最大分辨率：7680×4320 接口类型：PCI Express 3.0 16X I/O 接口：HDMI，DVI	
机箱	机箱类型：台式机箱 机箱结构：MATX 适用主板：MATX 板型 扩展性：4 个前置接口：USB3.0 接口 ×1，USB2.0 接口 ×2，耳机、传声器 机箱材质：轧碳钢薄板及带（SPCC）ABS 塑料，板材厚度：0.6mm	

续表

配件	参数	实物图
电源	电源类型：台式机电源 额定功率：500W 主板接口：20+4 针 硬盘接口：5 个 转换效率：85%	
显示器	产品类型：LED 显示器，广视角显示器，护眼显示 产品定位：办公学习型 屏幕尺寸：23.8 英寸 面板类型：IPS 最佳分辨率：1920×1080 可视角度：178° 水平 /178° 垂直 视频接口：VGA、HDMI	
键盘	产品定位：办公学习型 连接方式：有线 接口：USB	
鼠标	适用类型：办公学习型 最高分辨率：8000 点 / 英寸 按键数：6 个 滚轮方向：双向滚轮 连接方式：有线 工作方式：光电 接口：USB	

8.2.3　装机工具准备

装机时，需要准备尖嘴钳、螺丝、铜柱、防静电手套、一字形螺丝刀和十字形螺丝刀，如图 8-1 所示。螺丝刀最好选择头部带有磁性的，这样比较方便安装。计算机中大部分部件都需要用螺丝刀固定，个别不易插拔的设备可用尖嘴钳固定。

计算机整机
安装前的准备

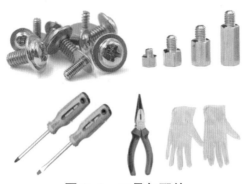

图 8-1　工具与配件

8.2.4　硬件设备准备

装机前准备好所需的硬件，包括: CPU、CPU 散热器、主板、内存、硬盘、I/O 挡板、机箱、电源、显示器、电源线、视频数据线、硬盘数据线等，如图 8-2 所示。

图 8-2　硬件设备

8.2.5　DIY安装流程

DIY 硬件安装流程为: 首先把 CPU 及散热器和内存安装在主板上，然后将主板安装在机箱内，具体的安装流程如图 8-3 所示。

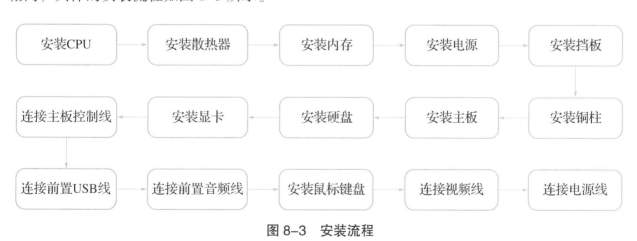

图 8-3　安装流程

提示: 本项目只讲部分核心设备的安装及外部设备的连接。其他设备的安装及连接方法参考前面学习过的内容。

8.3 DIY计算机组装

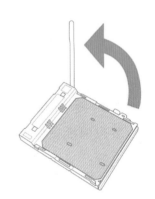

计算机内部
设备安装

8.3.1 计算机内部设备安装

1.CPU 及风扇安装

在安装 AMD CPU 之前（安装 AMD CPU 与 Intel CPU 的过程大致相同），请先确认主板是否为 AMD CPU 支持的型号，并注意区分两者 CPU 插槽设计的差异。

步骤 1：AMD 处理器，首先是拉起压杆，拉到与主板呈 90° 的位置，如图 8-4 所示。

> 注意：CPU 针脚十分脆弱，因此，在安装 AMD CPU 时一定要小心别碰断了 CPU 的针脚。

图 8-4　拉起压杆

步骤 2：CPU 的"金三角"与主板上三角形对齐，将 CPU 对位放入主板 CPU 插槽当中，如图 8-5 所示。

步骤 3：将 CPU 安装在主板中之后，将压杆复位，固定好 CPU，然后在 CPU 上表面涂一些导热硅脂，如图 8-6 所示。

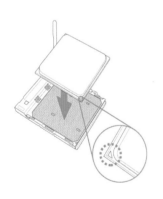

图 8-5　安装 AMD CPU

图 8-6　AMD CPU 安装完成

步骤 4：安装风扇，将散热器调放到合适的位置，将风扇水平放置到处理器上方，如图 8-7 所示。

步骤 5：固定 CPU 风扇，AMD 风扇采用主、次两个卡扣，一般先安装次卡扣，然后将主卡扣固定在固定座上，最后连接风扇电源，如图 8-8 所示。

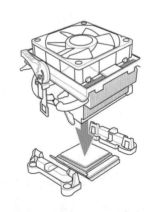

图 8-7　AMD CPU 风扇

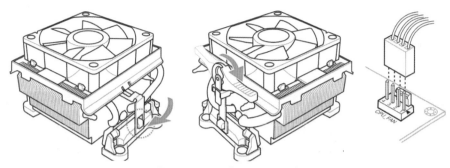

图 8-8　固定 AMD 风扇

提示：图 8-8 左图固定副卡扣，中图固定主卡扣，右图连接风扇电源。

2. 安装内存

安装内存要做到准和稳，"准"是指安装时要对准内存与插槽间的凹凸位置，而"稳"则是内存安装要稳固，并且确认安全卡已扳回到原位。

步骤 1：安装内存十分简单，内存插槽两边或一边有固定卡扣设计，安装内存之前，我们需要将卡扣扳开，如图 8-9 所示。

步骤 2：在安装内存的时候，我们需将内存"金手指"上面的缺口对应至内存插槽上的凸点，如图 8-10 所示，这是内存的防呆设计，反了插不进去。

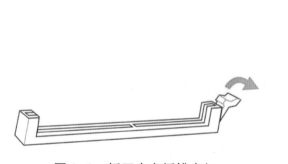

图 8-9　扳开内存插槽卡扣

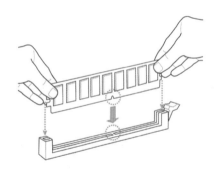

图 8-10　缺口与凸点对齐

步骤 3：将内存"金手指"上的缺口对准插槽上凸起处，然后稍用力往下压，如图 8-11 所示，当听到"咔"的一声，说明已经安装成功。

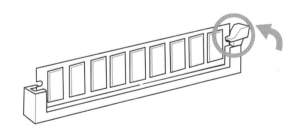

图 8-11　安装成功

3. 安装电源

安装电源的步骤如下。

步骤1：首先将机箱平放在宽敞的桌子或平台上，以便于安装。然后将电源平稳移动到机箱对应安装位置，如图8-12所示。

步骤2：将电源四个角落和机箱的螺孔对齐，固定螺丝，如图8-13所示。

图8-12　电源平稳移动到安装位

图8-13　固定螺丝

4. 安装主板

步骤1：安装主板前，先安装I/O挡板，再固定铜柱。

提示：由于机箱自带的背板与主板的外设接口有所差异，所以请安装主板自带的I/O背板。在机箱内部固定I/O背板的一端，然后由内向外施力，使背板与机箱插槽完全吻合。

步骤2：将主板放入机箱时应注意主板悬空在机箱安装位置的凹槽上。凹槽是为了保留主板与机箱的空间，使主板不会接触机箱造成短路。如图8-14所示。

步骤3：调整主板位置，使主板所有外部接口插入I/O挡板中，用螺丝固定好主板，避免主板产生松动，如图8-15所示。

图8-14　主板装入机箱

图8-15　固定主板

5. 安装硬盘

目前机箱提供硬盘固定槽和安装位，硬盘安装方式越来越人性化，接口与机箱背侧电源线的连接也非常简单方便。

步骤1：将硬盘固定槽从硬盘安装位拔下，将硬盘安装在固定槽上，然后将固定槽插入硬盘安装位，如图8-16所示。

步骤2：将硬盘的数据线和电源线连接硬盘接口，如图8-17所示，将数据线另一端连接主板的SATA接口。

图 8-16 　固定硬盘

图 8-17 　连接硬盘电源线和数据线

6. 安装机箱侧盖

由于机箱两侧的侧板安装方式相同，下面将介绍单侧板的安装过程。

步骤 1：安装侧板前，找到机箱边框的隐藏固定位，对准侧板与机箱凹凸位置后放下侧板。

步骤 2：用一只手轻轻压住侧板，然后用另一只手将侧板往里推，直到侧板与机箱完全吻合，如图 8-18 所示。

步骤 3：用螺丝固定侧板，如图 8-19 所示。

图 8-18 　安装机箱侧板

图 8-19 　固定机箱侧板

8.3.2 　计算机外部设备连接

1. 安装 USB 接口鼠标及键盘

USB 键盘和鼠标一般接在 USB2.0 接口中，如图 8-20 所示。

2. 连接显示器到主机板

计算机外部设备
连接与开机测试

无论是 VGA 接口，还是 DVI 接口，安装信号线过程都是一样的。下面以 VGA 接口为例，介绍信号线的安装过程。

步骤 1：取出信号线，然后按防呆设计的方向将信号线的 VGA 接口插入显示器背部的 VGA 接口。VGA 信号线的针孔排列是有方向性的，且外观上看是呈梯形的防呆设计。如果感觉安装上有困难，请不要强行插入，应拔出再次对比后再插入显示器接口，最后拧紧信号线接

图 8-20 　安装 USB 鼠标和键盘

口两边的螺丝，如图8-21所示。

　　步骤2：将VGA连接口平行插入显卡的插座内，然后拧紧信号线接口两边的螺丝，如图8-22所示。

图8-21　信号线连接显示器

图8-22　显卡信号线连接主板

3. 连接机箱与显示器电源线

主机与显示器电源线采用同一种梯形电源线，对准接口插入即可，如图8-23所示。

图8-23　连接主机与显示器电源线

8.3.3　开机测试

　　硬件安装和连接完毕后，接下来就准备安装操作系统了。为了进一步确保组装硬件安装和连接正确，在安装操作系统前，可以先进行开机自我测试（Power-On Self-Test，POST），这是一种开机对硬件进行检测的流程。

　　POST能够检测出硬件装置是否处于正常工作状态。对于刚刚组装的计算机，请务必先进行一次POST检测。

　　按下计算机开机按钮并启动计算机，查看显示器是否能正常显示开机画面，然后通过开机画面检查硬件是否正常工作，如图8-24所示。

图8-24　计算机开机显示

8.4　维护与故障处理

1. 维护

（1）计算机应摆放在干净整洁的地方。灰尘会对计算机的所有配件造成损害，会缩短其使用时间，影响性能。

（2）计算机应摆放在宽敞的空间，四周要保留散热空间，不要与其他杂物放在一起。

（3）电脑周围禁止磁场。磁场会对显示器、磁盘造成严重损害。音箱不要放在显示器附近，不要将磁盘放置于音箱附近。

（4）不要将水杯放置在电脑桌上，也不能将其放在主机、显示器、键盘之上。

（5）计算机工作时不要搬动主机箱或使其受到冲击震动，对于硬盘来讲这是非常危险的动作。

（6）硬盘读取数据时不可以突然关机或断电。如果机箱电压不稳或经常停电，可以购买UPS电源来保护计算机。

（7）不要对各种配件或接口在开机的状态下插拔（支持热插拔的设备除外），否则，可能会造成烧毁相关芯片或电路板的严重后果。

（8）应定期对电源、机箱内部、显示器、键盘、鼠标进行除尘。如果自行处理不了，请专业人士来完成。

（9）不能用酒精等擦洗显示器屏幕，如果需要清洗可以用清水，清水要吸附于纸巾或抹布之上，不可以让清水流进任何配件中。

（10）如果电脑长时间不使用，建议定期开机运行一下，以便驱除其内的潮气。

2. 故障处理

（1）硬件故障常见现象：如主机无电源显示、显示器无显示、主机扬声器鸣响并无法使用、显示器提示出错信息并无法进入系统。

（2）软件故障常见现象：如显示器提示出错信息并无法进入系统，或者能进入系统但应用软件无法运行。

（3）对故障的处理方法：

- 先静后动：先分析考虑问题可能在哪，然后动手操作。
- 先外后内：首先检查计算机外部电源、设备、线路，然后开机箱。
- 先软后硬：先从软件判断入手，然后从硬件着手。

技能扩展

1.组装一台完整计算机。

2.拆卸计算机。

习题与思考

一、单选题

1.下列选项中，不是组装计算机需要准备的工具的是（　　　　）。

A.镊子　　　　　　　　B.螺丝刀　　　　　　　　C.吹气球　　　　　　　　D.尖嘴钳

2.计算机硬件组装中，首先安装的设备是（　　　　）。

A.主板　　　　　　　　B.硬盘　　　　　　　　C.显卡　　　　　　　　D.CPU

3.在安装处理器时，在CPU处理器一角上有一个（　　　　），主板上的CPU插座上同样有一个。

A.三角形的标识　　　　B.圆形标识　　　　　　C.正方形标识　　　　　D.黄色标识

4.在安装散热器前，先要在CPU表面均匀涂一层（　　　　）。

A.导热油　　　　　　　B.导热硅脂　　　　　　C.润滑油　　　　　　　D.绝缘胶带

二、多选题

1.计算机主要部件的搭配原则有（　　　　）。

A.CPU与主板要搭配　　　　　　　　　　B.内存与主板要搭配

C.显卡与主板要搭配　　　　　　　　　　D.硬盘与主板要搭配

2.计算机组装时对硬件的检查，包括（　　　　）。

A.检查各配件有无物理损坏或变形　　　B.CPU针脚有无弯曲、断落

C.内存、显卡的"金手指"有无划痕　　　D.各配件与主板是否匹配

3.计算机组装常用的工具主要有（　　　　）。

A.螺丝刀　　　　　　　B.尖嘴钳　　　　　　　C.锤子　　　　　　　　D.镊子

4.计算机安装时的注意事项有（　　　　）。

A.释放人体所带静电　　　　　　　　　　B.断电操作

C.使用正确的方法安装，不强行安装　　　D.防止液体进入计算机内部

5.下列有关计算机配件组装的注意事项，正确的有（　　　　）。

A.不要用手触摸CPU插座的金属触点

B.主板要与机箱底板平行，不能搭在一起

C.不同规格的内存条尽量不要混用

D.不要用手触摸内存的"金手指"

三、判断题

1. 因为计算机内部的电压属于弱电，所以装机可以带电操作。　　　　　　（　　）

2. 装机前需要释放人体所带的静电。　　　　　　　　　　　　　　　　（　　）

3. 一根 SATA 数据线上可以连接两块 SATA 类型的硬盘。　　　　　　　（　　）

4. 一块主板上可以安装两条内存条。　　　　　　　　　　　　　　　　（　　）

5. 装机连接机箱面板的指示灯及开关可以不分方向和正负极。　　　　　（　　）

四、简答题

1. 安装计算机时需要注意的安装事项有哪些？

2. 简述计算机的安装过程。

项目 9

认识 BIOS

🔍 学习目标

知识目标

- 说明什么是 BIOS。
- 比较 BIOS 与 CMOS。

技能目标

- 能够正确打开和查看 BIOS 设置。
- 能够根据需要修改 BIOS 设置。
- 能够处理由 BIOS 引起的常见故障。

素质目标

- 培养学生动手操作的实干精神。
- 培养学生分析和解决问题的能力。
- 培养学生精益求精的工匠精神。
- 培养学生的职业规范和职业责任意识。

9.1 项目内容及实施计划

9.1.1 项目描述

了解 BIOS 在计算机中的作用及 BIOS 与 CMOS 之间的关系，并能够进行 BIOS 的基本设置。

9.1.2 项目实施计划

根据项目实施计划流程图，完成本项目的学习内容。

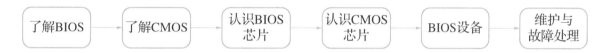

了解BIOS → 了解CMOS → 认识BIOS芯片 → 认识CMOS芯片 → BIOS设备 → 维护与故障处理

9.2 技能基础

9.2.1 什么是BIOS

从硬件上来讲，BIOS 是一组固化到 PC 主板上的 ROM 芯片，如图 9-1 所示。从软件上来说，它保存着系统设置信息，为计算机提供最底层的、最直接的硬件设置和控制，并且引导系统从外存设备启动。

认识BIOS

图 9-1 主板 BIOS 存储芯片

BIOS 的主要功能为开机自我测试、保存系统设定值及载入操作系统等。BIOS 包含了 BIOS 设定程序，供用户依照需求自行设定系统参数，使计算机正常工作或执行特定的功能。

9.2.2 BIOS与CMOS的区别

CMOS 的英文名称为 Complementary Metal Oxide Semiconductor，中文意思是"互补金属氧化物半导体存储器"，特指用电池供电的可读写的一种 RAM 芯片。CMOS 是 RAM 存储芯片，它属于硬件，在 CMOS 中能够保存 BIOS 设置参数，它只起到存储的作用。BIOS 是软件，是程序，BIOS 芯片是固化 BIOS 程序的 ROM 芯片。系统开机时，计算机就加载 BIOS 程序进行系统自检。

图 9-2　主板 CMOS 存储芯片

目前主板上大多采用 2MB 甚至 8MB 的 BIOS ROM，BIOS 芯片大多采用双列直插（DIP）形式封装。有的为节省空间，采用了 PLCC（Plastic Leaded Chip Carrier）形式的封装。为方便更换 BIOS 芯片，笔记本电脑上的 BIOS 大多采用 SOJ（Small Out-Line J-Lead）封装。CMOS 芯片如图 9-2 所示。

9.2.3 BIOS的种类

BIOS 是计算机中的重要程序，是保证计算机正常启动运行的根本。在进行 BIOS 的各项设置之前，还需要先了解一下 BIOS 的基础知识。

1. 传统 BIOS

目前来说，传统 BIOS 主要有 Phoenix BIOS、AMI BIOS、Insyde BIOS 和 Byosoft 4 种。以 AMI BIOS 为例，它是 AMI 公司出品的 BIOS 系统软件，开发于 20 世纪 80 年代中期，AMI BIOS 设置界面不同于 BIOS/UEFI 界面，如图 9-3 所示。它对各种软硬件的适应性好，能保证系统性能的稳定。

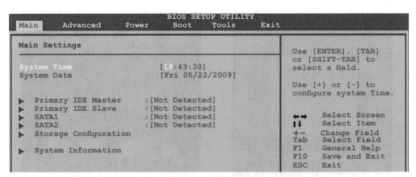

图 9-3　AMI BIOS 界面

2. UEFI

统一可扩展固件接口（Universal Extensible Firmware Interface，UEFI）和传统 BIOS 的一个显著区别就是 UEFI 使用模块化设计、C 语言风格的参数堆栈传递方式、动态链接形式的系统，易于实现，容错和纠错特性更强，缩短了系统研发的时间，如图 9-4 所示。它运行于

32 位或 64 位模式，突破传统 16 位代码的寻址能力，达到处理器的最大寻址。它利用加载 UEFI 驱动的形式识别及操作硬件，不同于 BIOS 利用挂载模式中断的方式增加硬件功能。

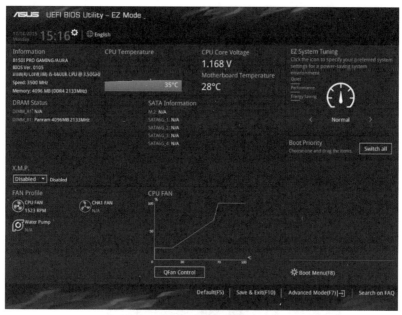

图 9-4　UEFI 界面

从 Windows 8 开始，开机速度之所以如此之快，其中一个原因就是在于其支持 UEFI 的引导。对比采用传统 BIOS 引导启动方式，UEFI 减少了 BIOS 自检的步骤，节省了大量的时间，从而加快操作系统的启动速度，如图 9-5 所示。

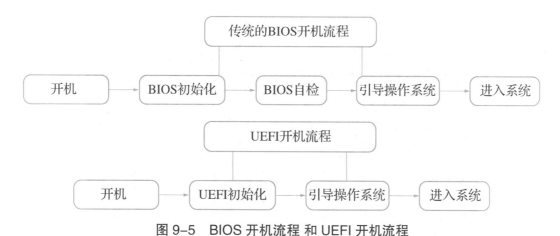

图 9-5　BIOS 开机流程 和 UEFI 开机流程

9.3　实战演练

9.3.1　BIOS设置程序的进入方法

进入 BIOS 设置程序的方法有多种，但通常在计算机启动时在屏幕上都会以高亮度方式提示。为了避免误操作，进入 BIOS 设置程序的方法也可设置为不提示。常见的进入 BIOS 设置程序的快捷键主要有：

（1）AMI BIOS：Delete 键、Esc 键或 F2 键。

（2）Phoenix AWARD BIOS：Delete 键或 Ctrl+Alt+Esc 组合键。

（3）品牌机厂家不一样，其进入 BIOS 设置方法也不一样，需要根据屏幕提示来进行操作。

9.3.2　BIOS设置

步骤 1：电源开启后，会看到开机 Logo 画面，按 Delete 键进入 BIOS 界面，如图 9-6 所示。

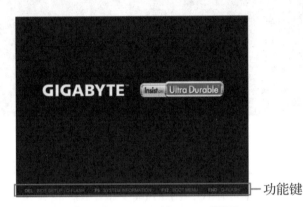

BIOS设置

图 9-6　BIOS 的 Logo 界面

步骤 2：进入 BIOS 设置程序主界面，如图 9-7 所示。

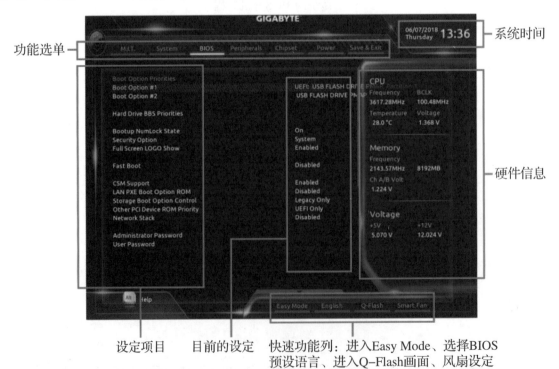

图 9-7　BIOS 设置程序主界面

BIOS 操作按键见表 9-1。

表 9-1　BIOS 操作按键

按键	说明
→ / ←	向左或向右移动光标选择功能选单
↑ / ↓	向上或向下移动光标选择设定项目
Enter	确定选项设定值或进入功能选单
+/Page Up	改变设定状态，或增加选项中的数值
−/Page Down	改变设定状态，或减少选项中的数值
F1	显示所有功能键的相关说明
F10	是否存储设定并离开 BIOS 设定程序
Esc	离开目前画面，或从主画面离开 BIOS 设定程序

步骤 3：M.I.T.（频率 / 电压控制）设置界面如图 9-8 所示。

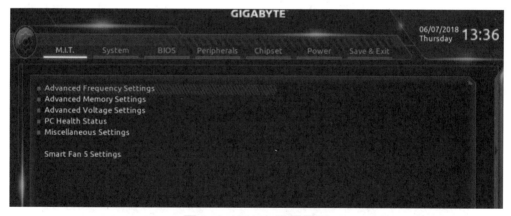

图 9-8　M.I.T. 设置界面

注意：M.I.T. 设置界面中的项目一般不用设置。所设定的超频或超电压值是否能让系统稳定运行，需视整体系统配备而定。不当的超频或超电压可能会造成 CPU、芯片组及内存的损毁或减少其使用寿命，造成系统不稳或其他不可预期的结果，因此我们不建议随意调整此页的项目。

如果安装 VMware，应设置 CPU 的虚拟化功能（SVM Mode）为启用状态（Enabled）。这个选项在 "Advanced Frequency Settings" → "Advanced CPU Core Settings" 里面可以找到。

步骤 4：System（系统信息）设置，这个界面提供主板型号及 BIOS 版本等信息，可以选择 BIOS 设定程序所要使用的语言或设定系统时间，如图 9-9 所示。

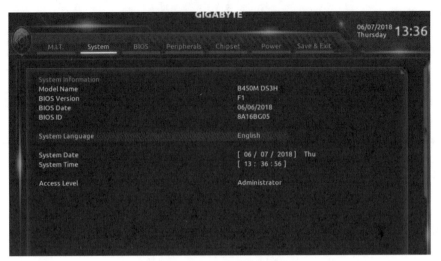

图 9-9　System 设置界面

• System Language（设定使用语言）：此项目可以选择 BIOS 设定程序所使用的语言。

• System Date（日期设定）：设定电脑系统的日期，格式为【月 / 日 / 年】星期（仅供显示）。若要切换至【月】、【日】、【年】选项，可使用 Enter 键，并使用 Page Up 或 Page Down 键切换至所需的数值。

• System Time（时间设定）：设定电脑系统的时间，格式为【时：分：秒】。例如下午一点显示为【13：00：00】。若要切换至【时】、【分】、【秒】选项，可使用 Enter 键，并使用小键盘的 Page Up 或 Page Down 键切换至所需的数值。

• Access Level（使用权限）：依登入的密码显示目前用户的权限。若没有设定密码，将显示 Administrator。管理员（Administrator）权限允许修改所有 BIOS 设定。用户（User）权限仅允许修改部分 BIOS 设定。建议不要为 BIOS 设置密码，特别是不要设置为自己不常用的密码，因为平时一般不会进入 BIOS，这个密码很容易忘记。

步骤 5：BIOS（BIOS 功能）设置，主要设置开机设备顺序，如图 9-10 所示。

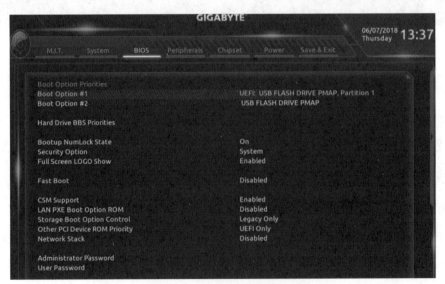

图 9-10　BIOS 设置界面

• Boot Option Priorities（开机设备顺序设定）：此项目可以为已连接的设备设定开机顺序，系统会依此顺序进行开机。当安装的是支持 GPT 格式的可卸除式存储设备时，该设备前方会注明"UEFI"，想由支持 GPT 磁盘分割的系统开机时，可选择注明"UEFI"的设备开机。想安装支持 GPT 格式的操作系统，例如 64 位 Windows 10 操作系统，请选择存放 64 位 Windows 10 操作系统安装光盘并注明为"UEFI"的光驱开机。

• 各类设备开机顺序设定：此项目提供设定各类型设备（包含硬盘、光驱、支持网络开机的设备）的开机顺序。在项目按 Enter 键可进入该类型设备的子选单，子选单会列出所有已安装设备。此项目只有在最少安装一组设备时才会出现。

• Full Screen LOGO Show（显示开机画面功能）：此项目提供您选择是否在一开机时显示主板 Logo。若设为 Disabled，开机时将不显示 Logo。

• Fast Boot：此项目是关闭所有 USB 设备接口。若设为 Disable 则关闭 USB，若设为 Enabled 则打开 USB 设备接口。

• Administrator Password（设定管理员密码）：此项目可设定管理员的密码。在此项目按 Enter 键，输入要设定的密码，BIOS 会要求再输入一次以确认密码，输入后再按 Enter 键。设定完成后，开机时就必须输入管理员或用户密码才能进入开机程序。与用户密码不同的是，管理员密码允许用户进入 BIOS 设置程序修改所有的设定。

• User Password（设定用户密码）：此项目可设定用户密码。在此项目按 Enter 键，输入要设定的密码，BIOS 会要求再输入一次以确认密码，输入后再按 Enter 键。设定完成后，开机时就必须输入管理员或用户密码才能进入开机程序。用户密码仅允许用户进入 BIOS 设定程序修改部分项目的设定。如果想取消密码，只需在原来的项目按 Enter 键后，先输入原来的密码，再按 Enter 键，接着 BIOS 会要求输入新密码，直接按 Enter 键，取消密码。

注意：设定 User Password 之前，请先完成 Administrator Password 的设定。

步骤 6：Peripherals（集成外设）设置，这一项是主板上外部设备控制接口的设置，一般为默认，如图 9-11 所示。

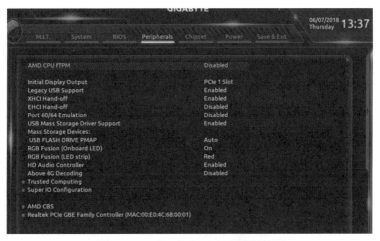

图 9-11　Peripherals 设置界面

步骤 7：Chipset（芯片组）设置界面如图 9-12 所示，此界面中的项目设置为默认值。

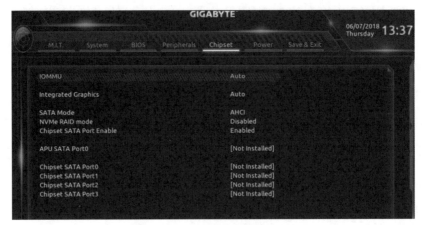

图 9-12　Chipset 设置界面

步骤 8：Save & Exit（存储设定值并结束设定程序）设置界面如图 9-13 所示。

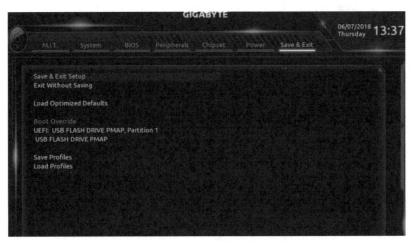

图 9-13　存储设定值并结束设定程序界面

• Save & Exit Setup（存储设定值并结束设定程序）：在此项目按 Enter 键，然后选择"Yes"即可存储所有设定结果并离开 BIOS 设定程序。若不想存储，选择"No"或按 Esc 键即可恢复主界面。

• Exit Without Saving（结束设定程序但不存储设定值）：在此项目按 Enter 键然后选择"Yes"，BIOS 将不会存储此次修改的设定，并离开 BIOS 设定程序。选择"No"或按 Esc 键即可恢复主界面。

• Load Optimized Defaults（载入最佳化预设值）：在此项目按 Enter 键然后选择"Yes"，即可载入 BIOS 出厂预设值。执行此功能可载入 BIOS 的最佳化预设值。此设定值较能发挥主板的性能，在更新 BIOS 或清除 CMOS 数据后，建议执行此功能。

• Boot Override（选择立即开机设备）：此项目可以选择要用来开机的设备。此项目下方会列出可开机设备，在本次要用来开机的设备上按 Enter 键，并在要求确认的信息出现后选择"Yes"，系统会立刻重新开机，并从所选择的设备启动系统。

• Save Profiles（存储设定文件）：此功能提供将设定好的 BIOS 设定值存储成一个 CMOS

设定文件（Profile）的功能，最多可设定 8 组设定文件（Profile 1~8）。选择要存储目前设定于 Profile 1~8 其中一组，再按 Enter 键即可完成设定。也可以选择 "Select File in HDD/FDD/USB"，将设定文件复制到存储设备。

• Load Profiles（载入设定文件）：系统若因运行不稳定而重新载入 BIOS 出厂预设值，可以使用此功能将预存的 CMOS 设定文件载入，即可免去再重新设定 BIOS 的麻烦。在要载入的设定文件上按 Enter 键即可载入该设定文件数据。也可以选择 "Select File in HDD/FDD/USB"，从存储设备复制设定文件，或载入 BIOS 自动存储的设定文件（例如前一次良好开机状态时的设定值）。

9.4 维护与故障处理

1. 维护

BIOS 除语言、时间和日期、启动设备顺序、Full Screen LOGO Show、USB 设备接口、CPU 虚拟化以外，其他选项不要随意进行修改。如果发现断电后时间错误，及时更换 BIOS 电池，并重新设置时间和日期。

2. 故障处理

故障现象：忘记 BIOS 管理密码。

解决方法：用 COMS 跳线短接，放电清除密码，或在操作系统命令提示符窗口中用 Debug 命令清除密码。

技能扩展

1. 给 BIOS 升级最新的程序。
2. 对 AMI BIOS 进行相关参数的设置。

习题与思考

一、单选题

1. AWARD BIOS 设置主功能界面中 LOAD BIOS DEFAULTS 项目的含义是（　　　）。

A. 标准 CMOS 设定　　　　　　　　B. BIOS 功能设定

C. 芯片组特性设定　　　　　　　　D. 载入 BIOS 预设值

2. BIOS 处于可写入状态时，跳线帽（　　　　）。

A. 拔出　　　　　　　　　　　　　　　　B. 插在 1、2 号跳线柱上

C. 插在 2、3 号跳线柱上　　　　　　　　D. 插在 1、3 号跳线柱上

3. AWARD BIOS 系统自检时，发现显示器或显卡错误，扬声器中会发出（　　　　）。

A.1 长 1 短响声　　　B.1 长 2 短响声　　　C. 不停的响声　　　D. 重复短响声

4. 在 BIOS 设置中，设置密码时，输入的密码不能超过（　　　）个字符。

A. 8　　　　　　　　B. 4　　　　　　　　C. 6　　　　　　　　D. 10

5. 一台计算机每次启动后，系统显示的时间总是"2020 年 01 月 01 日"，原因可能是（　　　）。

A. 系统软件问题　　　　　　　　　　　　B. 人为破坏

C. BIOS 设置为固定日期　　　　　　　　D. 主板的电池电量不足

二、多选题

1. 进入 BIOS 设置的方法有（　　　　）。

A. Delete 键　　　　B. F1 键　　　　　　C. Esc 键　　　　　　D. F2 键

2. 目前主流主板的 BIOS 引导模式有（　　　　）。

A. UEFI　　　　　　B. CD-ROM　　　　　C. HDD　　　　　　　D. Legacy

3. BIOS 的功能有（　　　　）。

A. BIOS 中断服务程序　　　　　　　　　B. BIOS 系统设置程序

C. POST 加电自检　　　　　　　　　　　D. BIOS 系统启动自举程序

三、判断题

1. AWARD BIOS 自检过程中机器不断长响，表示"显示错误"。　　　　　　　　（　　　）

2. BIOS 的封装形式有 DIP、PLCC、TSOP 3 种，其中 DIP 封装形式基本被淘汰。（　　　）

3. CMOS 芯片具有参数设置和数据存储的功能。　　　　　　　　　　　　　　（　　　）

4. 在 BIOS 中设置用户密码可以查看并设置 BIOS。　　　　　　　　　　　　（　　　）

5. BIOS 中的数据断电后不会丢失。　　　　　　　　　　　　　　　　　　　（　　　）

四、简答题

1. 简述 BIOS 功能。

2. BIOS 主要有哪几种？

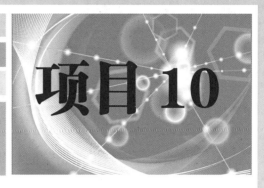

项目 10

系统启动盘的制作

10.1　项目内容及实施计划

10.1.1　项目描述

系统启动盘是安装操作系统的基础，正确制作系统启动盘是决定能否正确安装操作系统的关键。本项目主要介绍与启动盘相关的理论知识和 USB 启动盘的制作，为操作系统的安装创造条件。

10.1.2　项目实施计划

根据项目实施计划流程图，完成本项目的学习内容。

10.2　技能基础

10.2.1　认识U盘启动盘

启动盘（Startup Disk），又称紧急启动盘（Emergency Startup Disk）或安装启动盘。它是写入了操作系统镜像文件的具有特殊功能的移动存储介质（U 盘、光盘、移动硬盘以及早期的软盘），主要用来在操作系统崩溃时进行修复或者重装系统。

U 盘启动盘制作工具（简称 USBoot），是指把 U 盘制作为可启动系统的软件，其制作的系统通常是一个能在内存中运行的 Windows PE 系统，在系统崩溃和快速安装系统时能起到很大的作用。

10.2.2　认识U盘启动模式

现在大部分的计算机支持 U 盘启动，启动模式主要有以下两种。

1. USB-HDD

硬盘仿真（USB-HDD）模式。DOS 启动后显示"C：盘"，U 盘格式化工具制作的 U 盘即采用此启动模式。此模式兼容性很高，但一些只支持 USB-ZIP 模式的计算机则无法采用此模式启动。推荐使用此模式，它的普及率较高。

2. USB-ZIP

大容量软盘仿真（USB-ZIP）模式，DOS 启动后显示"A：盘"，此模式在一些比较老的计算机上是唯一可选的模式，但对大部分新计算机来说兼容性不好。

10.3　实战演练

10.3.1　下载U盘启动盘制作工具

常见的 U 盘启动盘制作工具软件有"老毛桃""大白菜""电脑店"等，用户可根据自己的需要和喜好登录相应的官方网站下载工具。本任务以"老毛桃"为例进行讲解，登录"老毛桃"官方网站，下载"老毛桃完整版"，并保存到计算机的本地磁盘。

10.3.2　启动盘制作模式选择

将"老毛桃完整版"解压，双击"laomaotao.exe"文件，即进入 U 盘启动盘制作界面，"老毛桃"软件支持 3 种启动盘制作模式，分别是普通模式、ISO 模式和本地模式，如图 10-1 所示。

图 10-1　启动盘的制作模式

（1）普通模式。该模式下制作的启动盘会在 U 盘中创建一个独立的预安装环境——Windows PE 操作系统，同时会将 Disk Genius 硬盘分区工具、Ghost 备份恢复工具和硬件扫描检测工具等系统安装、运维工具集成其中，这些工具有助于用户在安装操作系统的基础上对系统进行运维。由于此模式集成了较多的运维工具，因此通常选择该模式。

（2）ISO 模式。该模式是直接将操作系统的 ISO 镜像文件写入至 U 盘中，并将 U 盘制作成启动盘，此模式除了操作系统外，不带其他任何第三方软件。

（3）本地模式。将启动盘安装在计算机硬盘上，之后直接在计算机上安装。

10.3.3　制作启动盘

将 U 盘连接至计算机，待识别出 U 盘后，将启动模式设置为"USB-HDD"，格式设置为"NTFS"，之后单击"一键制作成 USB 启动盘"，如图 10-2 所示。

耐心等待几分钟，即可将启动盘制作完成。制作完成后，可以单击图 10-2 中的"模拟启动"按钮进行测试，若显示"老毛桃"启动界面则表示制作成功，如图 10-3 所示。

系统启动盘的制作

图 10-2　制作启动盘

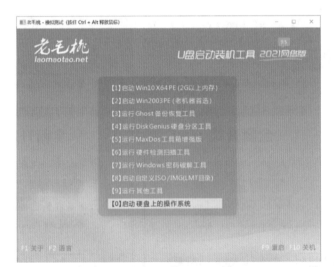

图 10-3　老毛桃启动界面

10.4　维护与故障处理

故障现象：U 盘启动盘制作成功后在模拟环境下测试成功，但是在物理主机上无法通过启动盘安装操作系统。

解决方法：

（1）检查 BIOS 是否设置为开机优先 U 盘启动。

（2）部分主机不支持普通模式下制作的启动盘，仅支持 ISO 模式下制作的启动盘。

技能扩展

1. 利用 ISO 模式制作启动盘。

2. 下载"电脑店"或"大白菜"U 盘启动盘制作工具制作启动盘。

习题与思考

一、单选题

1. 启动盘主要用来在操作系统崩溃时进行修复或者（　　　）。

A. 重装系统　　　　　B. 磁盘分区　　　　　C. 传输文件

2. U 盘启动是从（　　　）启动一些备份还原、PE 操作系统等软件的技术。

A. 硬盘　　　　　　　B. 光盘　　　　　　　C. U 盘

3. 通过 U 盘制作 Windows 系统安装盘，除需要 U 盘和 U 盘启动盘制作工具软件外，还需要（　　　）软件。

A. DOS 操作系统　　　　　　　　　B. Windows 操作系统源文件

C. Linux 操作系统源文件

4. 下列软件中，属于操作系统的是（　　　）。

A. Windows 10　　　B. Word 2019　　　C. WPS 2019　　　D. Office 2019

二、多选题

1. "老毛桃"启动盘制作工具可以通过（　　　）模式制作启动盘。

A. 普通　　　　　　　B. 管理员　　　　　　C. ISO　　　　　　　D. 本地

2. 利用"老毛桃"普通模式制作的启动盘包含以下哪些软件（　　　）。

A. Disk Genius 硬盘分区工具　　　　　B. Ghost 备份恢复工具

C. 硬件扫描检测　　　　　　　　　　D. Windows 密码破解工具

3. U 盘启动模式有（　　　）。

A. USB-HDD　　　B. USB-ZIP　　　C. USB-HDD+　　　D. USB-ZIP+

4. 制作 U 盘系统安装盘步骤包括（　　　）。

A. 下载启动盘工具软件　　　　　　　B. 下载操作系统安装源文件

C. 格式化 U 盘　　　　　　　　　　D. U 盘杀毒

5. U 盘可格式化为（　　　）格式。

A. exFAT　　　　　　B. NTFS　　　　　　C. FAT32　　　　　　D. Linux

三、判断题

1. 当计算机不能正常启动时，可以通过系统启动盘启动系统。（　　）

2. 当计算机需要重新安装系统时，可以通过 U 盘系统安装盘进行系统重装。（　　）

3. 制作系统启动盘的工具软件只有"老毛桃"一种。（　　）

4. 制作系统启动盘的工具软件有"老毛桃""电脑店""大白菜"等。（　　）

5. 操作系统源文件只能放在 U 盘的根目录下。（　　）

四、简答题

请简述制作 U 盘系统安装盘的步骤。

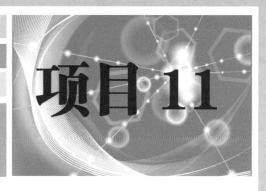

项目 11

操作系统的安装

🔍 学习目标

知识目标

- 复述硬盘格式化及分区的基本概念。
- 列举常见的操作系统。
- 概述操作系统安装的基本方法。

技能目标

- 能够安装 Windows 操作系统。
- 能够安装 Mac OS。
- 能够安装国产操作系统。

素质目标

- 培养学生遵纪守法的自觉性。
- 培养学生动手操作的实干精神。
- 培养学生精益求精的工匠精神。
- 培养学生分析和解决问题的能力。
- 培养学生的职业规范和职业责任意识。
- 培养学生的爱国情怀和改革创新意识。

11.1　项目内容及实施计划

11.1.1　项目描述

操作系统与设备驱动程序的安装是计算机正常工作的前提，计算机硬件性能的正常发挥与操作系统和驱动程序有着十分密切的关系。在项目10的基础上，本项目主要介绍磁盘分区和操作系统的基本知识，以及操作系统安装与激活等，为用户正常使用计算机提供软件平台。

11.1.2　项目实施计划

根据项目实施计划流程图，完成本项目的学习内容。

11.2　技能基础

11.2.1　硬盘初始化

新的硬盘必须经过低级格式化、分区和格式化3个初始工作后，才能使用。

低级格式化：低级格式化就是将磁盘内容重新清空，恢复出厂时的状态，低级格式化只能针对一块硬盘而不能支持单独的某一个分区。现在的硬盘在出厂前均对硬盘做了低级格式化，所以新硬盘无须对硬盘进行低级格式化。除非是硬盘有了坏道、需要全面清除数据等特殊情况。

分区：分区是安装操作系统"三部曲"的第一步。分区就相当于在一张大白纸画一个大方框。硬盘属于大容量存储设备，通常在使用前需要对硬盘进行分区，划分成几个逻辑盘。不同的分区存放不同类型的数据，更有利于数据的管理与查找。

格式化：格式化相当于在大方框中打上格子，有时又称为高级格式化，是相对于低级格式化而言的，其主要作用是写入磁盘的引导文件、文件存放于磁盘的分配记录等，同时把硬盘的分区（如C盘）划分成一个个小的区域（每个区域称为一个块，通常在格式化时可指定块大小），再把这些块编上号，这样计算机才知道该往哪写入数据和读取数据，这就像在一张白纸上打上格子一样，便于以后的书写。

对于以前有数据的磁盘，格式化就相当于将以前文件占用的块全部标记为未使用状态，所以从表面看来，相当于这个磁盘是空白的。

11.2.2 分区的结构与作用

一个硬盘的分区由分区表、数据区等组成。硬盘的主要分区有：主分区、扩展分区、逻辑分区，它们之间的关系如图 11-1 所示。硬盘的分区步骤为：建立主分区、建立扩展分区、建立逻辑驱动器、激活主分区。

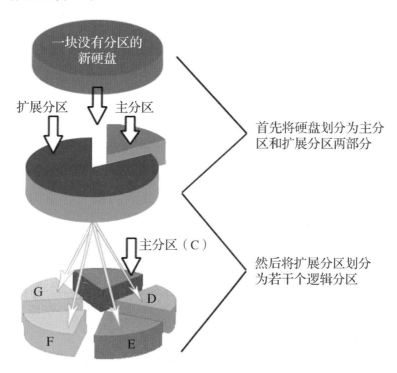

图 11-1 主分区、扩展分区与逻辑分区关系图

（1）基本分区：基本分区也称为主分区，其中不能再划分其他类型的分区，每个主分区都相当于一个逻辑磁盘，分区信息保存在主引导记录的分区表中。硬盘仅仅为分区表保留了 64B 的存储空间，而每个分区的参数需要占据 16B，故主引导扇区中总计只能存储 4 个分区的数据。因此，一个硬盘最多可以建立 4 个基本分区。计算机总是从硬盘上处于活动状态的基本分区上启动。

（2）扩展分区：硬盘中扩展分区是可选的，即可根据用户的需要及操作系统的磁盘管理能力来设置扩展分区。

（3）逻辑分区：扩展分区不能直接使用，要将其分成一个或多个逻辑分区，才能被操作系统识别和使用，也叫逻辑驱动器。当启动操作系统时，操作系统给基本分区和每个逻辑分区分配一个驱动器号，也叫盘符。盘符使用字母表示，A、B 盘符通常被保留，因此最多可以有 24 个分区（包含主分区）。

（4）活动分区：活动分区是计算机的启动分区，也就是将某一个基本分区设为活动状态，不设置活动分区，计算机将无法启动。当只有一块硬盘时，活动分区默认为划分的第一个主分区。当有多块硬盘时，每块硬盘上可以同时设置一个活动分区，启动时按 BIOS 里设置的启动顺序进行。启动系统时，活动分区上的操作系统将执行一个称为驱动器映像的过程，它给主分区和逻辑驱动器分配驱动器名。所有的主分区首先被映像，而逻辑驱动器用后续的字母指定。

11.2.3　硬盘的分区格式

格式化就相当于在白纸上打上格子，而分区格式就如同这"格子"的样式。不同的操作系统打"格子"的方式是不一样的，目前 Windows 所用的分区格式主要有 3 种，即 FAT16、FAT32、NTFS。

1. FAT16

FAT16 是几乎所有的操作系统都支持的分区格式，采用 16 位的文件分配表，用两个字节记录文件所占用的簇号，从 DOS、Windows 9x 到 Windows NT/2000/XP，甚至 Linux 都支持它。但是 FAT16 分区格式有个最大的缺点，它单个分区的最大容量为 2GB，而现在一个硬盘容量都远远超过 2GB，因此一般不再使用。

2. FAT32

FAT32 格式采用 32 位的文件分配表，它突破了 FAT16 对每一个分区的容量只有 2GB 的限制。

3. NTFS

NTFS 是 Windows NT 内核的系列操作系统支持的分区格式。它是一个特别为网络和磁盘配额、文件加密等管理安全特性设计的分区格式，提供长文件名、数据保护和恢复，能通过目录和文件许可实现安全性，并支持在多个硬盘上存储文件（跨越分区）。NTFS 文件系统具备错误预警、自我修复和日志 3 个功能，是目前使用较多的分区格式。

11.2.4　MBR

主引导区记录（Master Boot Record，MBR）位于整个硬盘的 0 磁道 0 柱面 1 扇区，它的大小是 512B。MBR 区域可以分为 3 个部分。第一部分为 pre.boot 区（预启动区），占 446B；第二部分是 Partition table 区（分区表），占 64B，记载了基本分区和扩展分区的类型、大小和分区的开始、结束位置等重要内容；第三部分是 magic number，占 2B，固定为 55AA。

主引导记录中包含了硬盘的一系列参数和一段引导程序。其中的硬盘引导程序的主要作用是检查分区表是否正确，并且在系统硬件完成自检以后引导具有激活标志的分区上的操作系统，并将控制权交给启动分区的引导程序。MBR 不属于任何一个操作系统，是由分区程序（如 Fdisk）所产生的，它不依赖于任何操作系统，而且硬盘引导程序也是可以改变的，从而实现多系统共享。

11.2.5 磁盘分区和格式化软件

常见分区软件有 LFormat、Fdisk、DM（Disk Manager）及格式化软件 Format。

LFormat：LFormat 是对硬盘进行低级格式化的工具，它将空白的磁盘划分出柱面和磁道，再将磁道划分为若干个扇区，每个扇区又划分出标识部分（ID）、间隔区（GAP）和数据区（DATA）等，经过低格后的硬盘，原来保存的数据将全部丢失，所以一般来说对硬盘低级格式化是非常不可取的，只有非常必要的时候才能对硬盘低级格式化。低级格式化不仅能在 DOS 环境下完成，也能在 Windows 操作系统下完成。

FDISK：FDISK 是 DOS 和 Windows 操作系统里自带的分区软件。使用 FDISK 分区最稳定，但是使用该软件对硬盘进行分区会破坏硬盘上的所有数据。

DM：DM 是由 ONTRACK 公司开发的一款通用分区软件，支持任何硬盘的分区，并且可以快速地对分区格式化。

11.2.6 操作系统

操作系统是管理和控制计算机硬件与软件资源的计算机程序，是直接运行在"裸机"上的最基本的系统软件，任何其他软件都必须在操作系统的支持下才能运行。操作系统的种类相当多，按所支持用户数可分为单用户操作系统（如 MSDOS、OS/2、Windows）、多用户操作系统（如 UNIX、Linux、MVS）。

1. DOS

DOS 的英文全名是"Disk Operation System"，即磁盘操作系统，发布时间为 1981 年。DOS 是基于磁盘管理的单用户、单任务、字符界面的操作系统。与我们现在使用的操作系统最大的区别在于，它是命令行形式的，靠输入命令来进行人机对话，充当人和计算机间的翻译。

2. Windows 10 操作系统

Windows 10 操作系统是微软公司研发的跨平台及设备应用的操作系统，是微软发布的最后一个独立 Windows 版本。Windows 10 共有家庭版、专业版、企业版、教育版、移动版、移动企业版和物联网核心版等 7 个版本。Windows 10 系统的功能和特点有生物识别技术、Cortana 搜索功能、平板模式、桌面应用、多桌面、开始菜单进化、任务栏的微调、任务切换器、贴靠辅助、通知中心、命令提示符窗口升级、文件资源管理器升级、新的 Edge 浏览器、计划重新启动、设置和控制面板、兼容性增强、安全性增强、新技术融合、Sets 窗口管理等。

3. Windows Server 2022

Windows Server 2022 是微软即将正式发布的最新服务器操作系统，它是建立在 Windows Server 2019 的基础之上，在安全性、Azure 混合集成和管理以及应用平台三个关键主题上带来了许多创新。此外，Windows Server 2022 数据中心：Azure 版可帮助用户利用云的优势使用户的 VM 保持最新状态，同时最大限度地减少停机时间。

4. Mac OS X

Mac OS 是苹果公司为 Mac 系列产品开发的专属操作系统，是全世界第一个基于 FreeBSD 系统采用"面向对象操作系统"的全面的操作系统。"X"这个字母是一个罗马数字"十"（发音为 ten），接续了先前的麦金塔操作系统 Mac OS 8 和 Mac OS 9 的编号。苹果操作系统分为计算机版 iMac OS 和手机版 iOS 两种。Mac OS X 具有万能引擎、唯美色彩、兼容 Windows 系统、自动化文件管理、绝对安全、简洁明了、没有复杂的文件、语音识别和盲人键盘等特点。

5. Linux 操作系统

Linux 是一套免费使用和自由传播的类 UNIX 操作系统，是一个基于 POSIX 和 UNIX 的多用户、多任务、支持多线程和多 CPU 的操作系统，它支持 32 位和 64 位硬件。Linux 系统具有完全免费，完全兼容 POSIX1.0 标准，多用户、多任务，良好的界面，支持多种平台等特点。

6. 国产操作系统

国产操作系统多为以 Linux 为基础二次开发的操作系统，常见的国产操作系统有中标麒麟、统信 UOS、鸿蒙、中兴新支点桌面操作系统等。本项目实战演练部分将以统信 UOS 为例讲解国产操作系统的安装。

7. Android

Android（安卓）是一种基于 Linux 的自由及开放源代码的操作系统，主要用于移动设备，如智能手机和平板电脑，由 Google 公司和开放手机联盟领导及开发。Android 具有系统开源、跨平台、丰富的应用等特性。

11.2.7　Windows操作系统的常用安装方法

操作系统的常用安装方法主要有以下两种。

（1）通过"老毛桃"等工具的"ISO 模式"直接将操作系统镜像包刻录至 U 盘后进行安装。这种方式的优点是兼容性好，缺点是无任何第三方工具。

（2）利用第三方工具进行安装。这种方式是先利用第三方工具将 U 盘制作成启动盘，之后将操作系统的 ISO 镜像文件复制到 U 盘中，然后进行安装。这种方式的优点是运维软件较多，缺点是兼容性不是特别好，可能存在无法安装的情况。

11.3 实战演练

11.3.1 Windows操作系统的安装

1. 复制 Windows 10 操作系统镜像包

将 Windows 10 操作系统 ISO 格式的镜像包复制到启动盘的"LMT"目录。

2. BIOS 中设置 U 盘启动顺序

启动计算机时，按 Delete 键或者 F2 键进入 BIOS 设置，找到"Boot"菜单，然后将设备启动项设置为自己的 U 盘，按 F10 键保存并退出。

> 注意：不同厂家生产的主板进入 BIOS 的快捷键可能不同，通常有 Delete 键、Esc 键、F2 键等，具体可查阅计算机主板说明书。

3. 安装 Windows 10

在"老毛桃"装机界面，选择"【8】启动自定义 ISO/IMG（LMT 目录）"，如图 11-2 所示。

接着选择复制到"LMT"目录的 Windows 10 镜像包，如图 11-3 所示。

图 11-2　选择存放镜像文件的 LMT 目录

图 11-3　选择 Windows 10 镜像包

选择镜像包之后需按回车键才会开始进行 Windows 10 的安装，在"语言选择""协议条款"等步骤我们直接按照默认选项设置即可，在安装类型界面，选择第 2 项自定义安装，如

图 11-4 所示。

接着在选择 Windows 安装路径的时候会列出计算机目前的磁盘（包含硬盘和 U 盘），我们可以根据其总大小来进行区分，如本示例中"驱动器 0"为本地硬盘（可通过驱动器总大小判断），"驱动器 1"包含 2 个分区和 1 个未分配的空间，为 U 盘启动盘，如图 11-5 所示。

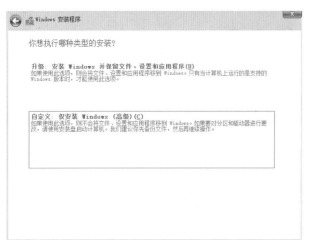

图 11-4　安装类型选择

图 11-5　硬盘分区前磁盘情况

由于目前本地硬盘还未进行初始化，因此我们需将其进行分区，本示例我们将本地硬盘分成 2 个分区，分别为 60GB、40GB。选择"驱动器 0"之后单击"新建"按钮，设置大小为"61440"MB 即 60GB，如图 11-6 所示。

接着在剩余未分配空间上创建 40GB 的分区，最终创建结果如图 11-7 所示。

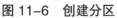

图 11-6　创建分区

图 11-7　分区创建完成

我们可以看见，"驱动器 0"分区 4 不足 60GB，其原因是在创建第一个分区的时候系统会从 60GB 中划分一定的空间用于创建"恢复""系统分区"及"MSR（保留）"这 3 个分区。这 3 个分区默认状态下是隐藏的，安装完操作系统后是看不见的。在分区创建完成后选择"驱动器 0 分区 4"单击"下一步"按钮，系统就会自动在该分区上安装系统了。

系统安装完后需要进行一系列初始化配置，其中绝大部分配置参数按默认设置即可，仅用户名和密码需要单独进行设置，如图 11-8 所示。

图 11-8　设置登录系统的用户名和密码

初始化配置设置好之后需等待几分钟，待配置完成即可登录系统。

4. 激活系统

登录系统后利用 Windows+E 组合键打开资源管理器，接着选择"此电脑"并单击鼠标右键，在弹出的快捷菜单中选择"属性"命令，如图 11-9 所示。

在弹出的系统设置窗口中可以看见目前操作系统未激活，如图 11-10 所示。

图 11-9　选择"属性"命令　　　　　　图 11-10　系统设置窗口

单击"激活 Windows"按钮，接着输入正确的激活码即可完成联网激活，激活成功后会在系统界面显示"Windows 已激活"字样，如图 11-11 所示。

图 11-11　激活成功

Windows操作
系统的安装

11.3.2　Mac OS的安装

1. 下载 Mac OS 安装包

进入苹果系统后打开"App Store"，在搜索栏中输入"Mac OS"，选择适合本机型的操作系统，接着单击"获取"，系统会自动下载，如图11-12所示。

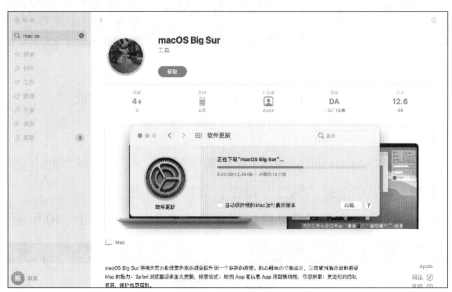

图 11-12　下载 Mac OS 安装包

待下载完成后可通过以下两种方式安装操作系统。

（1）单击"继续"即可直接对本机系统进行升级，如图11-13所示。此种方式简单，但是只能在本机上安装最新版的 Mac OS。

图 11-13　升级安装 Mac OS

（2）利用下载的镜像包制作成启动盘，之后可以通过启动盘在多台电脑上安装 Mac OS。本示例使用这种方法进行安装，按 Command+Q 组合键退出图11-13所示的安装程序。

2. 制作启动盘

在"应用程序"中找到"安装 macOS BiG Sur"，单击鼠标右键，在弹出的快捷菜单中选择"显示包内容"命令，如图 11-14 所示。

图 11-14　显示包内容

接着进入 ContentsResources 文件夹，启动 createinstallmedia 终端命令文件，我们需要用它来制作安装启动盘，如图 11-15 所示。

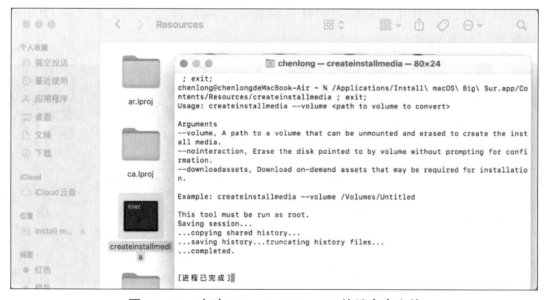

图 11-15　启动 createinstallmedia 终端命令文件

下一步单击终端菜单的"Shell"→"新建窗口"，在新的终端窗口中，根据图 11-15 中 createinstallmedia 命令给出的提示，输入启动盘的制作命令：

sudo /Applications/Install\ macOS\ Big\ Sur.app/Contents/Resources/createinstallmedia −−volume /Volumes/CL

注意：命令最后的"CL"为 U 盘名。

执行该命令后会有确认操作的提示，输入"Y"就会进行启动盘的制作，如图11-16所示。

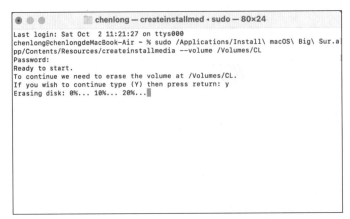

图 11-16　运行启动盘制作命令

3. 分区及安装

待启动盘制作完成后重启系统，然后一直按住 Option 键，选择通过启动盘安装系统，接着在语言选择界面选择"简体中文"，会进入安装功能选择界面。若想直接在现有分区上安装系统，则选择"安装 macOS Big Sur"；若想对磁盘分区进行调整（该方式会抹除磁盘上所有数据），则选择"磁盘工具"，如图11-17所示。这里选择"磁盘工具"，对现有的磁盘进行分区。

在"磁盘工具"界面可以看见当前计算机有 2 个内置存储，一个是 214.75GB 的磁盘，另一个是光驱，如图 11-18 所示。

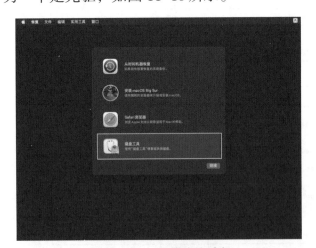

图 11-17　安装功能选择

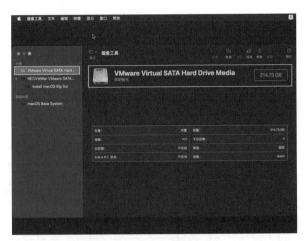

图 11-18　磁盘选择

> 注意：若当前计算机有多块磁盘，则可以根据磁盘大小判断需要在哪块磁盘上安装操作系统。

我们选择磁盘"VMware Virtual SATA Hard Drive Media"，然后单击右上角的"抹掉"按钮，在弹出的设置对话框中将整个磁盘的名称设置为"DISK"，格式设置为"Mac OS 扩展（日志式）"，方案设置为"GUID 分区图"，进行磁盘初始化如图 11-19 所示。

设置完成后单击"抹掉"按钮对全磁盘进行初始化，等待几秒即可初始化完成，如图 11-20 所示。

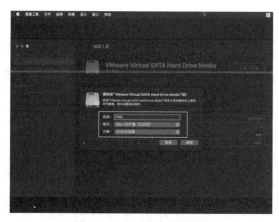

图 11-19 磁盘初始化

图 11-20 磁盘初始化完成

初始化完成，再次选择"DISK"磁盘，接着单击"分区"按钮创建分区，这里将磁盘分成两个分区，分区 C 为 100GB，分区 D 为 114GB，如图 11-21 所示。

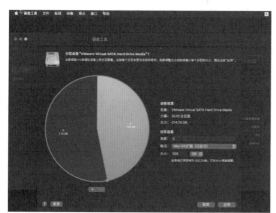

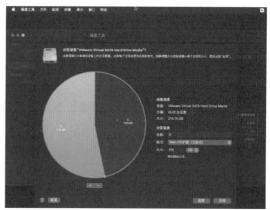

图 11-21 创建分区

在完成分区设置后，可以在"磁盘工具"界面左侧看见分区 C 和分区 D，如图 11-22所示。

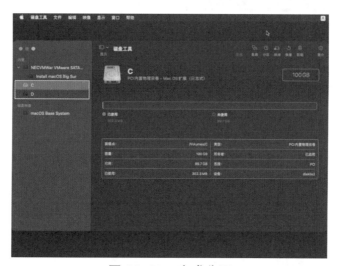

图 11-22 完成分区

接着选择"磁盘工具""退出磁盘工具"，返回至安装功能选择界面，然后选择"安装 macOS Big Sur"，如图 11-23 所示。

之后选择将操作系统安装在分区 C 上，如图 11-24 所示。

图 11-23　安装功能选择　　　　　　　图 11-24　选择操作系统安装分区

耐心等待 11~20 分钟即可安装完成，安装完成后需对系统完成诸如 Apple ID（可跳过，待系统安装完成后设置）、用户名、密码等个性化设置，如图 11-25 所示。

待完成设置后即可登录至 Mac OS，如图 11-26 所示。

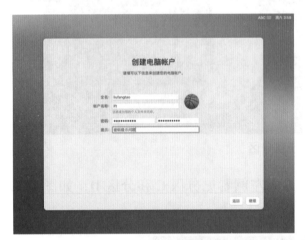

图 11-25　用户名和密码设置　　　　　　图 11-26　登录至 Mac OS

11.3.3　国产操作系统的安装

苹果操作系统的安装

1. 下载"统信 UOS"镜像包

首先打开统信官方网站，通过"资源中心""镜像下载"进入下载版本界面，"统信 UOS"分为桌面专业版、服务器版和桌面家庭版，版本选择主要考虑两方面因素：

（1）设备类型，是整机（包含笔记本、台式机、一体机）还是服务器，整机选择桌面版本，服务器选择服务器版本。

（2）设备使用的 CPU 架构。

AMD64 架构：Intel、AMD、海光、兆芯。

ARM64 架构：飞腾、鲲鹏。

MIPS64 架构：龙芯。

确认好这两个部分后，就可以根据官网提示选择对应的版本进行下载。对普通用户而言，CPU 一般是 Intel 或 AMD 的，因此选择桌面家庭版。待下载完成后，将镜像包复制到启动盘的"LMT"目录。

2. 安装"统信 UOS"

重启系统，进入 BIOS 设置由 U 盘启动，在"老毛桃"装机界面，选择"【8】启动自定义 ISO/IMG（LMT 目录）"，如图 11-27 所示。

图 11-27　选择存放镜像文件的 LMT 目录

接着选择复制到"LMT"目录的镜像包，如图 11-28 所示。

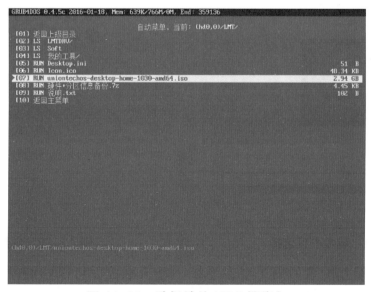

图 11-28　选择统信 UOS 镜像包

在 Boot menu 中选择第一项，即安装"统信 UOS"家庭版，如图 11-29 所示。

接着在语言选择界面选择简体中文，如图 11-30 所示。

图 11-29　Boot menu　　　　　　　　　　　图 11-30　语言选择界面

在硬盘分区界面选择"全盘安装"，该方式是将所选硬盘按默认配置进行分区，通过此方式会创建 6 个分区，其中"/"称之为根，类似于 Windows 的 C 盘；"/data"为数据盘，类似 Windows 的 D 盘等；"/boot"用于存储引导信息和内核信息；"/rootb"和"/recovery"用于备份恢复；"/swap"是交换分区，类似 Windows 的虚拟内存，如图 11-31 所示。其中"/boot""/rootb""/recovery"和"/swap"分区默认是隐藏状态，在安装完系统后是看不见的。

完成硬盘分区并安装完系统后会自动重启计算机，之后会进行一系列初始化配置，这些初始化配置大部分参数按默认设置即可，仅用户名、计算机名和密码需根据用户需求自行进行设置，如图 11-32 所示。

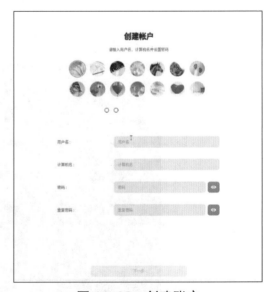

图 11-31　硬盘分区选择　　　　　　　　　　图 11-32　创建账户

待完成这些初始化配置后即可登录系统，登录系统后可以联网激活操作系统，如图 11-33 所示。

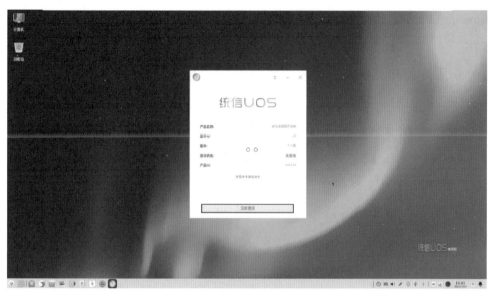

图 11-33　激活操作系统

"统信 UOS"沿用了 Windows 操作系统的操作风格（包含快捷键），同时在系统中集成了"应用商店"（任务栏中），我们可以通过它进行 WPS Office、QQ、微信等应用软件的安装，该操作系统已由最初的可用转变成了好用。

国产操作系统
的安装

11.4　维护与故障处理

故障现象：忘记了 Windows 操作系统的登录密码。

解决方法：重启计算机，并设置为 U 盘启动，在"老毛桃"装机界面，选择"【7】运行 Windows 密码破解工具"完成对 Windows 操作系统密码的解锁。

技能扩展

1. 安装中标麒麟操作系统。
2. 在非苹果笔记本电脑上安装 Mac OS 操作系统。

习题与思考

一、单选题

1. 新的硬盘必须经过低级格式化、分区和（　　　）3 个初始工作后才能使用。

A. 格式化　　　　　B. 高级格式化　　　　　C. 磁盘修复　　　　　D. 磁盘碎片整理

2. Windows 系统常见的分区格式包含（   ）。

A. FAT16   B. FAT32   C. NTFS   D. Ext4

3. 硬盘的分区格式有主分区、扩展分区和（   ）。

A. 逻辑分区   B. 高速分区   C. 预留分区

4. MBR 位于整个硬盘的 0 磁道 0 柱面 1 扇区，它的大小是（   ）字节。

A. 64   B. 128   C. 256   D. 512

5. MBR 区域可以分为 3 个部分，分别是 Pre.boot、Partition table 和（   ）。

A. Bre.boot   B. Partition desk   C. Magic number

二、多选题

1. 硬盘的分区格式有（   ）。

A. 基本分区   B. 扩展分区   C. 逻辑分区

2. 常见的分区软件有（   ）。

A. LFormat   B. FDISK   C. DM   D. DiskGenius

3. 进入计算机 BIOS 的方法包括按（   ）键。

A. F2   B. Delete   C. ESC   D .F10

4. 若购买的笔记本电脑 CPU 是鲲鹏系列，则在选择统信 UOS 的版本时可选（   ）。

A 桌面专业版   B. 服务器版   C. 桌面家庭版

三、判断题

1. 安装 Windows 10 操作系统时，系统盘的分区可以划分为 FAT16。   （   ）

2. 现在新购买的硬盘一般不需要经过低级格式化。   （   ）

3. 最常用的 Mac OS X 的文件系统叫 HFS+。   （   ）

4. 如果要让计算机从 U 盘启动，则需在 BIOS 中设置第一启动设备为 U 盘。   （   ）

5. 一个硬盘至少应划分一个主分区和一个活动分区。   （   ）

四、简答题

1. 请阐述通过 Windows PE 装系统的步骤。

2. 请阐述在通过 U 盘安装操作系统过程中的注意事项。

项目 12

操作系统的备份还原

12.1　项目内容及实施计划

12.1.1　项目描述

操作系统备份还原可以将系统恢复到备份时的状态，以应对文件、数据丢失或损坏等意外情况，是广大计算机使用者管理和维护计算机系统的重要方法。本项目主要介绍操作系统备份和还原的相关知识，以及操作系统备份与还原的具体操作步骤和方法，实现用户对计算机资源和系统的自我管理及保护。

12.1.2　项目实施计划

根据项目实施计划流程图，完成本项目的学习内容。

12.2　技能基础

12.2.1　备份

备份可以分为系统备份和数据备份。

系统备份：用户操作系统因磁盘损伤或损坏、计算机病毒或人为误删除等原因造成的系统文件丢失，可能造成计算机操作系统不能正常运行，因此可以使用系统备份，将操作系统事先存储起来，用于故障后的后备支援。

数据备份：数据备份指的是用户将数据（包括文件、数据库、应用程序等）存储起来，供数据恢复时使用。

12.2.2　还原

"系统还原"的目的是在不需要重新安装操作系统，也不会破坏数据文件的前提下使系统回到工作状态。"系统还原"可以恢复注册表、本地配置文件、COM+ 数据库等，但是不能指定要还原的某个具体内容，要么都还原，要么都不还原。

12.2.3　Ghost

诺顿克隆精灵（Norton Ghost），英文名 Ghost 为 General Hardware Oriented System Transfer（通用硬件导向系统转移）的首字母缩写。Ghost 能将目标硬盘复制得与源硬盘几乎完全一样，并实现分区、格式化、复制系统和文件一步完成。需要注意的是目标硬盘不能太小，必须能将源硬盘的数据内容装下。Ghost 软件界面如图 12-1 所示。

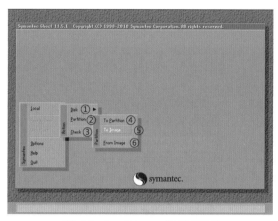

图 12-1　Ghost 软件界面

① Disk：磁盘（硬盘）。

② Partition：分区。在操作系统里，每个硬盘盘符（通常是 C 盘及以后）对应着一个分区。

③ Check：表示检查硬盘或备份的文件，查看是否可能因分区、硬盘被破坏等造成备份或还原失败。

④ To Partition：将一个分区（源分区）直接复制到另一个分区（目标分区）。注意：操作时，目标分区空间不能小于源分区。

⑤ To Image：将一个分区备份为一个镜像文件。注意：存放镜像文件的分区不能比源分区小，最好是比源分区大。

⑥ From Image：从镜像文件中恢复分区（将备份的分区还原）。

To：到。在 Ghost 里，To 可以简单理解为"备份到"的意思。

From：从。在 Ghost 里，From 可以简单理解为"从……还原"的意思。

12.3　实战演练

12.3.1　设置U盘启动

启动计算机时，按 Delete 键或者 F2 键等进入 BIOS 设置，找到"Boot"菜单，将设备启动项设置为自己的 U 盘，然后按 F10 键保存并退出。

注意：不同厂家生产的主板进入 BIOS 的快捷键不同，通常有 Delete 键、Esc 键、F2 键等，如需了解，请查阅计算机主板说明书。

12.3.2 启动 Ghost

在"老毛桃"装机界面，选择"【3】运行 Ghost 备份恢复工具"，如图 12-2 所示。

图 12-2 选择"【3】运行 Ghost 备份恢复工具"

12.3.3 备份系统

选择 Ghost 版本后，系统进入 Ghost 界面，如图 12-3 所示。

依次选择"Local"→"Partition"→"To Image"，对现有的系统文件所在的分区进行备份，打开源文件驱动器选择对话框，如图 12-4 所示。

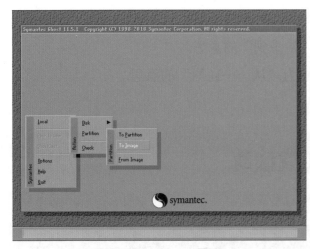

图 12-3 Ghost 界面

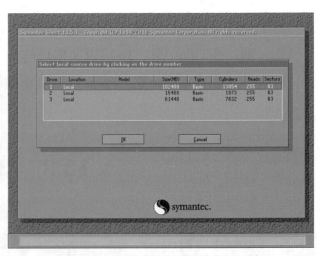

图 12-4 源文件驱动器选择对话框

选择本地源驱动器,单击"OK"按钮进入源文件分区选择对话框,如图12-5所示。

选择备份分区后单击"OK"按钮进入系统备份文件名和文件保存路径选择窗口,如图12-6所示。

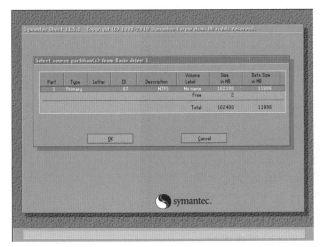

图12-5 源文件分区选择对话框

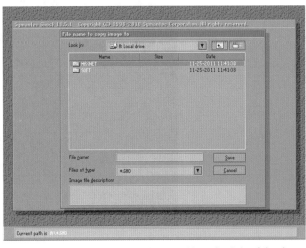

图12-6 系统备份文件名和文件保存路径选择窗口

选择备份文件保存路径,然后在"File name"文本框输入文件名,如图12-7所示。

输入文件名后单击"Save"按钮,程序会询问是否压缩备份数据,并给出3个选择:No表示不压缩,Fast表示压缩比例小而执行备份速度较快,High表示压缩比例高但执行备份速度相当慢,如图12-8所示。

单击"Yes"按钮,系统开始备份,如图12-9所示。

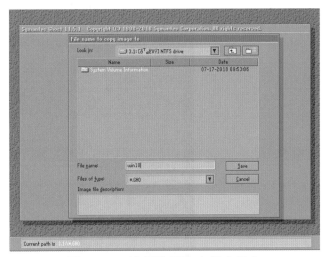

图12-7 路径选择和文件名输入

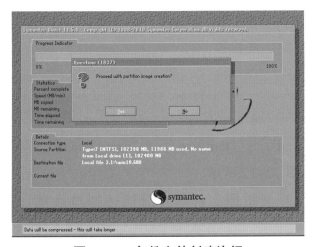

图12-8 备份文件创建询问

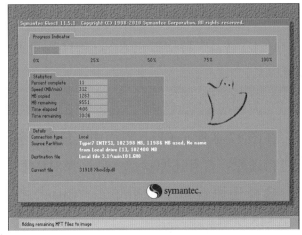

图12-9 系统开始备份

当文件创建进度达到 100% 时，系统提示镜像文件创建成功，如图 12-10 所示。

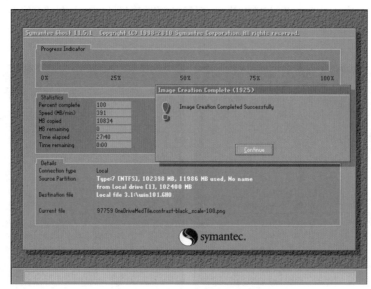

图 12-10　镜像文件创建成功

单击"Continue"按钮，系统询问是否退出 Ghost 程序，如图 12-11 所示。

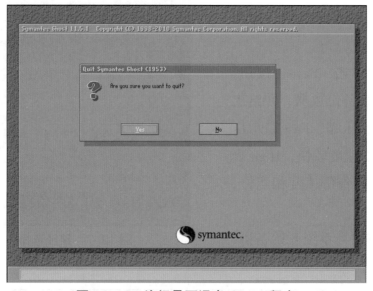

操作系统的
备份

图 12-11　询问是否退出 Ghost 程序

单击"Yes"按钮退出 Ghost 程序。

12.3.4　系统还原

在图 12-3 所示 Ghost 界面中，依次选择"Local"→"Partition"→"From Image"，对系统进行还原，打开还原镜像文件选择对话框，如图 12-12 所示。

选择还原镜像文件后单击"Open"按钮，打开镜像文件所在分区选择对话框，如图 12-13 所示。

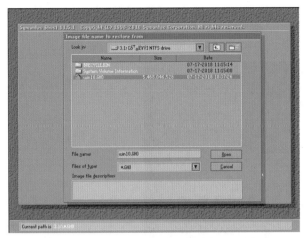

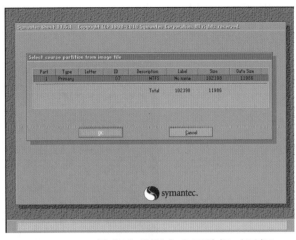

图 12-12　还原镜像文件选择对话框　　　　图 12-13　镜像文件所在分区选择对话框

选择好分区后，单击"OK"按钮，打开目标驱动器（需要被覆盖的分区所在的驱动器）选择对话框，如图 12-14 所示。

选择目标驱动器后，单击"OK"按钮打开目标分区选择对话框，如图 12-15 所示。

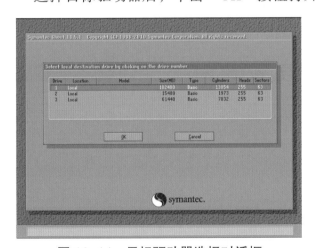

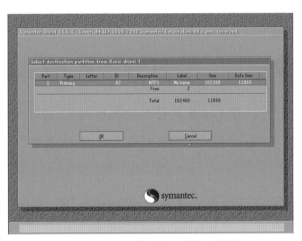

图 12-14　目标驱动器选择对话框　　　　　　图 12-15　目标分区选择对话框

选择好目标分区后单击"OK"按钮，打开系统还原确认询问对话框，如图 12-16 所示。单击"Yes"按钮，开始系统还原，如图 12-17 所示。

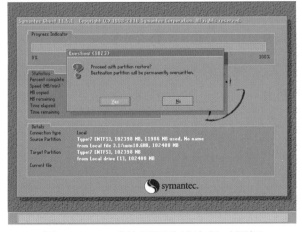

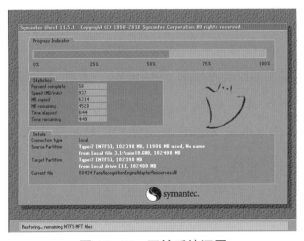

图 12-16　系统还原确认询问对话框　　　　　图 12-17　开始系统还原

当还原的进度达到 100% 时，系统还原完成，此时提示是否需要重新启动计算机，如图 12-18 所示。

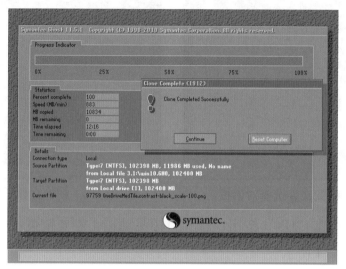

操作系统的
还原

图 12-18　还原完成

技能扩展

1. 通过 Ghost 软件对计算机的 C 盘进行备份。

2. 通过 Ghost 软件将备份文件还原到指定的磁盘。

习题与思考

一、单选题

1. Ghost 系统是（　　　）。

A. 镜像克隆软件　　　B. 幽灵软件　　　　　　C. 操作系统软件

2. Ghost 软件的"Disk"菜单表示（　　　）。

A. 磁盘　　　　　　B 硬盘　　　　　　　C. 软盘　　　　　　D. U 盘

3. Ghost 系统的"Partition"表示（　　　）。

A. 魔术分区　　　B. 分区　　　　　　C. 划片　　　　　　D. 拆分

4. Ghost 系统生成镜像文件的扩展名为（　　　）。

A. .exe　　　　　B. .osi　　　　　　C. .gho　　　　　D. .xls

二、多选题

1. Ghost 具有（　　　）功能。

A. 备份　　　　　B. 还原　　　　　　C. 格式化

2. Ghost 可以实现（　　　）。

A. 本地备份　　　　B. 本地还原　　　　C. 异地备份　　　　D. 异地还原

三、判断题

1. Ghost 软件能实现计算机硬盘的整体备份。　　　　　　　　　　　　　（　　　）

2. Ghost 软件能实现按磁盘分区进行备份。　　　　　　　　　　　　　　（　　　）

3. Ghost 是一款计算机系统分区和还原软件。　　　　　　　　　　　　　（　　　）

4. Ghost 不能实现计算机系统异地备份。　　　　　　　　　　　　　　　（　　　）

5. Ghost 在备份过程中可以实现文件的压缩。　　　　　　　　　　　　　（　　　）

四、简答题

1. Ghost 软件中的 To Image、From Image、To Partition 3 个选项的作用是什么？

2. 简述通过 Ghost 软件还原系统时的注意事项。

项目 13

操作系统的应用

13.1 项目内容及实施计划

13.1.1 项目描述

计算机操作系统的正确设置是用户通过计算机正常办公的前提，是计算机专业技术人员最基本的专业技能要求。本项目主要从桌面图标使用、账户管理、屏幕分辨率设置、计算机设备管理、磁盘管理、计算机桌面文件路径更改等方面介绍操作系统常见功能设置的相关知识和技能，实现用户正常使用计算机的需要。

13.1.2 项目实施计划

根据项目实施计划流程图，完成本项目的学习内容。

```
┌──────────────┐      ┌──────────────┐
│ 了解操作系统的 │ ───→ │ 桌面图标使用、账户 │
│ 基础知识      │      │ 管理等操作      │
└──────────────┘      └──────────────┘
```

13.2 技能基础

13.2.1 驱动程序

1. 驱动程序的功能与作用

驱动程序全称为设备驱动程序（Device Driver），相当于硬件的接口，操作系统只有通过这个接口才能控制硬件设备的工作，假如某设备的驱动程序未能正确安装，便不能正常工作。简单地说，驱动程序就是用来驱动硬件工作的特殊程序。

2. 驱动程序的获取与安装

正确获取相关硬件设备的驱动程序是正确安装驱动的前提。获取驱动程序主要有以下几种途径。

（1）使用操作系统提供的驱动程序。

Windows 操作系统中已经附带了大量的通用驱动程序，这样在安装系统后，一般无须单独安装驱动程序就能使这些硬件设备正常运行。

（2）使用设备附带的驱动程序盘提供的驱动程序。

一般来说，硬件设备的生产厂商都会针对自己硬件设备的特点开发专门的驱动程序，这些由设备厂商直接开发的驱动程序有较强的针对性，它们比 Windows 操作系统附带的驱动程序性能高一些，并采用光盘或者 U 盘的形式在销售硬件设备的同时一并免费提供给用户。

（3）通过网络下载。

除了购买硬件时附带的驱动程序盘之外，许多硬件厂商还会将相关驱动程序放到官方网站上供用户下载。由于这些驱动程序大多是硬件厂商最新推出的升级版本，它们的性能及稳定性无疑比用户驱动程序盘中的驱动程序更好，有上网条件的用户可以经常下载这些最新的硬件驱动程序，以便对驱动程序进行升级。

（4）通过下载驱动集成工具包。

除了以上几种驱动程序获取和安装方式外，还有一种系统驱动程序集成安装工具，用户下载该软件并运行，软件就会自动对未安装驱动程序的设备进行驱动程序安装，如驱动精灵。

13.2.2　IP地址

互联网协议（Internet Protocol，IP）地址是分配给计算机的一个编号，这个编号在网络内是唯一的，用来供网络内数据寻址。

13.2.3　DNS

域名系统（Domain Name System，DNS），是互联网上域名和 IP 地址相互映射的一个分布式数据库，能够使用户更方便地访问互联网，而不用去记住能够被机器直接读取的 IP 地址。通过主机名，最终得到该主机名对应的 IP 地址的过程称为域名解析，也称为正向解析；通过 IP 地址，得到 IP 地址对应的域名，称为反向解析。

13.2.4　DHCP

动态主机配置协议（Dynamic Host Configuration Protocol，DHCP）是一个局域网的网络协议，主要有两个用途：一是给内部网络或网络服务供应商自动分配 IP 地址，二是作为用户或者内部网络管理员对所有计算机进行中央管理的手段。

13.2.5　快捷方式

快捷方式是 Windows 操作系统提供的一种快速启动程序、打开文件或文件夹的方法。它是应用程序的快速链接。快捷方式图标都有一个共同的特点，在每个图标的左下角都有一个非常小的箭头，快捷方式的扩展名一般为 .lnk。

13.2.6　Windows 10密码

Windows 10 操作系统的用户密码有 3 种，分别是 Microsoft 账户密码、PIN、图片密码。

Microsoft 账户密码：这是 Windows 操作系统中最常用的一种用户密码设置，即系统登录时的密码。

PIN：计算机识别码（Personal Identification Number），是 Windows 10 操作系统新添加的一套本地密码策略。PIN 仅与本机相关联，与微软账户密码相互独立，与图片密码一样，可作为 Windows10 操作系统的附加登录方式。通常 PIN 由四位数字字符组成，但并不限于 4 个数字。设置 PIN 后，Windows 10 操作系统在登录时只需要输入 PIN，就可以快速登录。

图片密码：图片密码是 Windows 10 操作系统和 Windows 8 操作系统相较于 Windows 7 操作系统新增的一种登录方式，快速、流畅而且支持用户自定义，用户可以自主选择图片，并在图片上设置固定手势，下次登录的时候就可以通过在该图片上滑动所设定的手势登录。图片密码的核心由图片和用户绘制的手势组成，用户可以自定义手势并且自由选择图片作为图片密码的背景。这将有助于用户提高密码的安全性和可记忆性，而这张图片对用户的重要性就如同许多人所选择的手机锁屏的图片一样。

13.3 实战演练

13.3.1 桌面图标使用

计算机桌面图标通常有"此计算机""网络""回收站""Internet Explorer"等。除了添加系统图标之外，用户还可以添加快捷方式图标。并且可以进行图标排列和重命名操作。

1. 在桌面上添加"控制面板"桌面图标

在桌面空白处单击鼠标右键，在弹出的快捷菜单中选择"个性化"命令，如图 13-1 所示。

图 13-1 快捷菜单

在"设置"窗口选择"主题"菜单，然后选择"桌面图标设置"，打开"桌面图标设置"对话框，如图 13-2 所示。

单击选中"控制面板"复选框，如图 13-3 所示。确认后即可将"控制面板"图标添加至桌面。

图 13-2　"桌面图标设置"对话框

图 13-3　选择"控制面板"桌面图标

2. 桌面快捷方式创建

在程序的启动图标上单击鼠标右键，在弹出的快捷菜单中选择"发送到"→"桌面快捷方式"命令，即可创建该程序的快捷方式，如图 13-4 所示。创建的快捷方式将显示在计算机桌面。

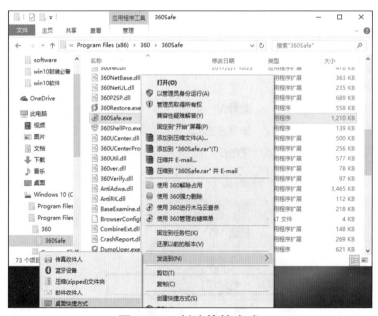

图 13-4　创建快捷方式

3. 图标排列方式

在计算机桌面空白处单击鼠标右键，在弹出的快捷菜单中选择"排序方式"→"修改日期"命令，此时计算机桌面的图标即可按照修改日期的先后顺序进行排列，如图 13-5 所示。也可以按大小、项目类型、名称进行排序。

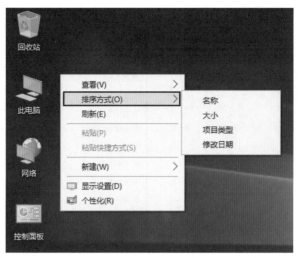

桌面图标的使用

图 13-5　图标排列方式

13.3.2　账户管理

1. 更改账户头像

一些计算机用户希望把账户头像改成自己的照片或者一些个性化的图片，这一想法在 Windows 10 操作系统中是可以实现的。在计算机桌面空白处单击鼠标右键，在弹出的快捷菜单中选择"个性化"命令，在"个性化"窗口中选择"主页"菜单，打开"Windows 设置"窗口，如图 13-6 所示。

选择"账户"选项，进入 Windows 账户设置界面，由于本系统刚装好，只建立了一个账户，因此直接进入系统管理员 Administrator 的设置界面，如图 13-7 所示。

图 13-6　"Windows 设置"窗口

图 13-7　Windows 账户设置

在 Windows 10 操作系统中创建账户头像有两种方式：第一种是通过计算机的摄像头直接拍摄，第二种是选择"通过浏览方式查找一个"，添加已准备好的图片。本书选择"通过浏览方式查找一个"，将已备好的图片设为 Administrator 账户的头像，如图 13-8 所示。

选择准备好的图片，然后单击"选择图片"按钮，系统将用选择的图片替换 Administrator 账户原有的头像，如图 13-9 所示。

图 13-8　选择账户头像

图 13-9　Administrator 账户新头像

2. 创建管理员账户密码

在图 13-9 所示窗口中选择左侧的"登录选项"，进入 Administrator 账户密码设置界面，如图 13-10 所示。

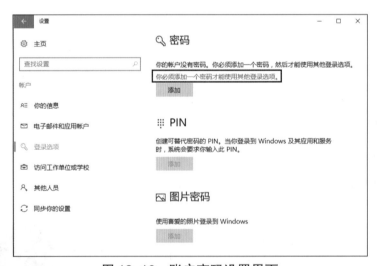

图 13-10　账户密码设置界面

在 Windows 10 操作系统中可以设置 3 种密码：第一种是普通的微软账户的密码，第二种是 PIN，第三种是图片密码。要注意的是只有在添加了微软账户密码后才能添加 PIN 和图片密码。单击密码区域下面的"添加"按钮，打开"创建密码"对话框，如图 13-11 所示。

输入"新密码"和"密码提示"，如图 13-12 所示。

单击"下一步"按钮，对话框提示"下次登录时，请使用新密码"，单击"完成"按钮，完成 Administrator 账户密码的创建，如图 13-13 所示。

图 13-11 "创建密码"对话框　　　图 13-12 输入密码和提示　　　图 13-13 完成密码创建

3. 创建用户

在图 13-9 所示窗口中选择左列的"其他人员"菜单，进入"其他人员"设置界面，如图 13-14 所示。

图 13-14 "其他人员"设置界面

单击"将其他人员添加到这台电脑"按钮，打开"本地用户和组（本地）"窗口，进行新用户添加，如图 13-15 所示。

图 13-15 "本地用户和组（本地）"窗口

在左列的"用户"选项上单击鼠标右键，弹出其快捷菜单，如图 13-16 所示。

图 13-16 "用户"选项快捷菜单

选择"新用户"命令，弹出"新用户"对话框，如图 13-17 所示。

输入用户相关信息，如图 13-18 所示。

图 13-17 "新用户"对话框   图 13-18 输入用户信息

输入用户相关信息后，单击"创建"按钮，完成新用户的创建，如图 13-19 所示。

图 13-19 完成新用户创建

4. 创建普通用户密码

在要创建密码的用户名称上单击鼠标右键，在弹出的快捷菜单中选择"设置密码"命令，如图 13-20 所示。

弹出密码设置提示对话框，如图 13-21 所示。

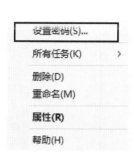

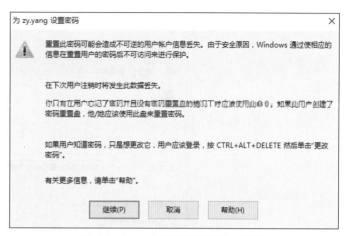

图 13-20　选择"设置密码"命令　　　　图 13-21　密码设置提示对话框

单击"继续"按钮，打开密码设置对话框，如图 13-22 所示。

输入新密码并确认密码，如图 13-23 所示。

图 13-22　密码设置对话框　　　　　　图 13-23　设置用户密码

单击"确定"按钮，完成"zy.yang"用户密码的创建。

5. 用户启用和禁用

在 Windows 操作系统中，默认情况下"Guest"账户是禁用的。被禁用的账户图标上有一个向下的箭头标识，如图 13-24 所示。

图 13-24　禁用账户信息

在"Guest"账户上单击鼠标右键，在弹出的快捷菜单中选择"属性"命令，弹出"Guest 属性"对话框，如图 13-25 所示。

图 13-25　"Guest 属性"对话框

取消"账户已禁用"复选框的选中状态，单击"确定"按钮，启用 Guest 账户，如图 13-26 所示。

图 13-26　Guest 账户启用

账户禁用：用同样的方法选中账户属性对话框中"账户已禁用"复选框，即可实现对指定账户的禁用。

6. 账户升级（标准账户升级为管理员账户）

将账户"Epolice"从普通用户升级为管理员用户，即将"Epolice"账户添加到"Administrators"组。

在"Epolice"账户上单击鼠标右键，在弹出的快捷菜单中选择"属性"命令，如图 13-27 所示。

图 13-27　选择"属性"命令

在"Epolice 属性"对话框中,选择"隶属于"选项卡,可以看到此时的"Epolice"账户隶属于"Users"组,如图 13-28 所示。

单击"添加"按钮,打开"选择组"对话框,如图 13-29 所示。

图 13-28　用户隶属

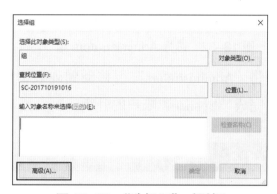

图 13-29　"选择组"对话框

单击"高级"按钮,进入"选择组"对话框的一般性查询界面,如图 13-30 所示。

单击"立即查找"按钮,计算机将搜索已有的用户组,如图 13-31 所示。

图 13-30　"选择组"对话框的一般性查询界面　　　　图 13-31　搜索已有的用户组

选择"Administrators"用户组，然后单击"确定"按钮，将"Administrators"组添加到"输入对象名称来选择（示例）"列表框，如图 13-32 所示。

单击"确定"按钮，将"Administrators"组添加到"Epolice 属性"对话框的"隶属于"列表框中，如图 13-33 所示。

账户管理

图 13-32　选择 Administrators 组　　　　图 13-33　"Epolice 属性"对话框的"隶属于"列表框

将"Administrators"组移动到列表框的最上面，然后依次单击"确定"和"应用"按钮，完成"Epolice"账户的升级。

13.3.3　屏幕分辨率设置

在计算机桌面单击鼠标右键，在弹出的快捷菜单中选择"显示设置"命令，进入显示设置界面，如图 13-34 所示。

在显示设置界面，选择"高级显示设置"，如图 13-35 所示。

图 13-34　选择"显示设置"命令　　　　图 13-35　选择"高级显示设置"

在"高级显示设置"界面中，单击"分辨率"下拉列表框，根据计算机显示适配器的规格，选择计算机的最佳显示分辨率，如选择"1366×768"，如图 13-36 所示。

图 13-36　分辨率选择

设置好"分辨率"选项，单击"应用"按钮，打开显示设置保留询问对话框，如图 13-37 所示。

图 13-37　显示设置保留询问对话框

屏幕分辨率
设置

单击"保留更改"按钮，完成计算机显示分辨率设置。

13.3.4　计算机设备管理

在桌面"此电脑"图标上单击鼠标右键，在弹出的快捷菜单中选择"属性"命令，打开"系统"设置窗口，然后选择"设备管理器"选项，打开"设备管理器"窗口。在该窗口中可以查看计算机的相关硬件设备及其是否正常工作。如果设备列表中有带黄色感叹号或问号的设备，说明该设备不能正常工作，可以尝试重新安装该设备的驱动程序来解决，如图 13-38 所示。

图 13-38　"设备管理器"窗口

图 13-38 中有一个设备名称前面有黄色感叹号，说明此设备存在问题，可以通过更新驱动程序方式确认是否因驱动程序问题导致。

更新驱动程序：在不能正常工作设备的名称上单击鼠标右键，在弹出的快捷菜单中选择"更新驱动程序软件"命令，如图 13-39 所示。

图 13-39　更新设备驱动程序

在弹出的"更新驱动软件"对话框中选择"自动搜索更新的驱动程序软件"，系统将自动搜寻本设备最新的驱动程序。

系统提示该设备的驱动已经是最新版本，如图 13-40 所示。如果问题仍未解决，可能是设备硬件本身或者其他问题导致。

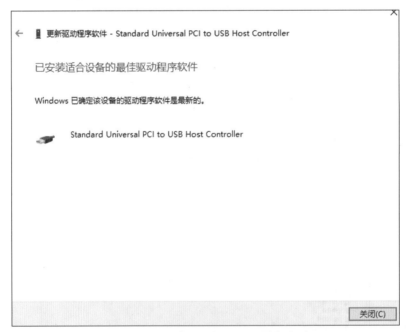

计算机设备管理

图 13-40　设备驱动已经是最新版本

13.3.5　磁盘管理

在桌面"此电脑"图标上单击鼠标右键，选择"管理"→"存储"→"磁盘管理"，进行磁盘分区、删除、格式化、更改驱动器号等操作，如图 13-41 所示。

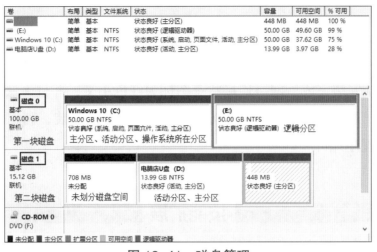

磁盘管理

图 13-41　磁盘管理

13.3.6　计算机桌面文件路径更改

桌面文件的默认保存路径为 C 盘，一些用户常常将下载的文件或办公文件保存在桌面。一旦计算机系统故障，就可能导致桌面文件丢失。可通过更改桌面文件保存路径有效解决这一问题。例如：将桌面文件保存路径改为"E:\Desktop"，操作步骤如下：

进入计算机 C 盘，首先打开"用户"→"Administrator"文件夹，然后在"桌面"文件夹上单击鼠标右键，在弹出的快捷菜单中选择"属性"命令，打开"桌面 属性"对话框，如图 13-42 所示。

在图 13-42 所示对话框中，选择"位置"选项卡，可看到桌面文件的默认保存路径为"C:\Users\Administrator\Desktop"，如图 13-43 所示。

计算机桌面文件路径更改

单击"移动"按钮，选择 E 盘中已经建好的"Desktop"文件夹，将桌面文件保存路径改为"E:\Desktop"，如图 13-44 所示。

图 13-42　"桌面 属性"对话框

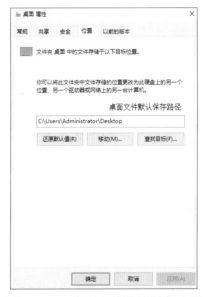

图 13-43　桌面文件默认保存路径

图 13-44　修改桌面文件保存路径

13.4　维护与故障处理

故障现象： 系统安装完成后网络连接状态图标为红色小叉，并且无法上网。

解决方法： 出现这种情况一般是因为网卡驱动程序未正确安装，利用驱动精灵（网卡版）重新安装网卡驱动程序即可。

技能扩展

1. 整理计算机桌面图标，仅保留"此电脑""网络""回收站""控制面板"。

2. 创建一个名为"xyy"的计算机用户，且将其加入系统管理员组。

3. 将计算机的分辨率设置为计算机支持的最佳分辨率。

4. 通过光盘或者驱动精灵为系统硬件安装好驱动程序。

5. 将计算机的最后两个分区合并为一个分区。

6. 将计算机桌面文件保存路径修改为"D：\Desktop"。

7. 为计算机设置上网参数，让其能访问互联网。

习题与思考

一、单选题

1. 驱动程序是一种可以使计算机和设备通信的（　　　）。

A. 特殊程序　　　　　B. 应用程序　　　　　C. STM32 程序

2. IPv4 地址由（　　　）位二进制数组成。

A. 32　　　　　　　B. 64　　　　　　　C. 128　　　　　　　D. 256

3. IPv6 地址由（　　　）位十六进制数组成。

A. 32　　　　　　　B. 64　　　　　　　C. 128　　　　　　　D. 256

4. DNS 的作用是将（　　　）。

A. IP 地址转换成域名　　　　　　　　B. 将域名转换成 IP

C. 将 MAC 地址转换成域名　　　　　　D. 将域名转换成 MAC 地址

5. DHCP 的作用是给用户自动分配（　　　）。

A. IP 地址　　　　　B. MAC 地址　　　　　C. 域名

二、多选题

1. IP 地址目前的版本有（　　　）。

A. IPv4　　　　　　B. IPv5　　　　　　C. IPv6　　　　　　D. IPv8

2. Windows 10 操作系统的用户密码有（　　　）。

A. Microsoft 账户密码　　　　　　　　　　B. PIN　　　　　　　　C. 图片密码

3. 计算机驱动程序获取的途径有（　　　）。

A. 生产厂家提供　　　B. 网络获取　　　　　C. 下载网络集成包

4. 桌面主要由（　　　）等区域组成。

A. 桌面图标　　　　B. 任务栏　　　　　C. "开始"菜单　　　D. 属性栏

5. Windows 10 操作系统的默认用户有（　　　）。

A. Administrator　　　B. DefaultAccount　　　C. Guest　　　　　D. Epolice

三、判断题

1. Windows 10 操作系统默认支持的桌面图标只有"此电脑""回收站"。　　　（　　　）

2. 桌面快捷方式文件的扩展名为 .link。　　　　　　　　　　　　　　　（　　　）

3. Windows 账户的头像不可以用其他图片更换。　　　　　　　　　　　（　　　）

4. 计算机桌面文件的保存路径不能更改。　　　　　　　　　　　　　　（　　　）

5. 计算机获取 IP 地址的方式有静态获取和动态获取两种方式。　　　　　（　　　）

四、简答题

1. 修改桌面文件保存路径的方法是什么？

2. 修改计算机 Administrator 账户密码的方法是什么？

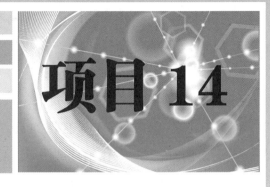

项目 14

应用软件的安装

学习目标

知识目标

- 辨认常见的文件类型。
- 说出常用应用软件。

技能目标

- 能够正确安装应用软件。

素质目标

- 培养学生动手操作的实干精神。
- 培养学生分析和解决问题的能力。
- 培养学生精益求精的工匠精神。
- 培养学生的职业规范和职业责任意识。
- 培养学生遵纪守法的自觉性。
- 培养学生的爱国情怀和职业品格。

14.1　项目内容及实施计划

14.1.1　项目描述

在计算机中安装应用软件是为了满足使用者学习和工作需要。一些应用软件是大部分用户需要用到的，因此掌握常见应用软件的安装与应用对提高工作效率具有重要意义。本项目主要学习办公软件、下载工具软件、系统安全软件等常见应用软件的安装，使计算机满足基本的学习和工作需要。

14.1.2　项目实施计划

根据项目实施计划流程图，完成本项目的学习内容。

14.2　技能基础

14.2.1　计算机文件类型

计算机文件类型通常可以从文件的扩展名判断。常见的计算机文件类型有：

• 文本：.txt、.doc、.docx、.wps、.pdf。文本处理软件有 Word、WPS Office、记事本、写字板。

• 图形图像：.jpg、.jpeg、.gif、.bmp、.PNG、.Tif、.psd。图形图像处理软件有 Photoshop、Fireworks、ACDsee、画图。

• 动画：.swf。

• 音频：.wav、.mp3、.midi。

• 视频：.avi、.mpg、.mpeg、.mov、.rm、.rmvb。

• 压缩文件：.zip、.rar。

• 电子表格：.xls、.xlsx、.et、.ett。

14.2.2　办公软件

WPS Office 是由金山软件股份有限公司自主研发的一款办公软件套装，可以实现办公软件常用的文字、表格、演示等多种功能。具有内存占用低、运行速度快、文件量小、强大插件平台支持、免费提供海量在线存储空间及文档模板等特点。

14.2.3　下载工具软件

下载工具软件是计算机使用者为提高互联网资源的下载速度而开发的软件。常见的下载工具软件有迅雷（Thunder）、百度网盘等。

14.2.4　系统安全工具

系统安全工具是用于保护计算机系统安全的专用安全工具，通常分为防火墙和杀毒软件。常见的系统安全工具有 360 安全卫士、火绒杀毒软件等。

14.3　实战演练

14.3.1　WPS Office的安装

进入 WPS 的官方网站，根据当前操作系统下载对应版本的 WPS Office。待下载完成后运行 WPS Office 安装包，在安装引导界面选择"自定义设置"，如图 14-1 所示。

图 14-1　选择"自定义设置"

在自定义设置中配置默认使用 WPS Office 打开的文件类型，通过自定义配置可以看见 WPS Office 除了支持打开 DOC、XLS、PPT 等格式的文件外，还支持打开 PDF 文档以及图形文件，如图 14-2 所示。

图 14-2 设置关联文件

单击关联的文件类型之后，勾选同意协议即可单击"立即安装"按钮，耐心等待几分钟即可安装完成。

14.3.2 下载工具的安装

进入迅雷的官方网站，单击"立即下载"按钮下载迅雷，如图 14-3 所示。

图 14-3 下载迅雷

待下载完成后，双击下载的源文件开始安装，在安装引导界面设置好安装路径（Windows 10 操作系统下应用程序默认安装路径一般在"C：\Program Files（x86）\"下），并取消右下角"360 安全浏览器"复选框选中状态，仅安装迅雷软件，如图 14-4 所示。

下载工具的安装

图 14-4   安装迅雷软件

注意：目前市面很多软件都会捆绑安装一系列其他应用软件产品，所以在安装的时候应仔细查看安装配置，基于最小化原则仅安装自己所需的软件。

单击"开始安装"按钮，耐心等待几分钟即可安装完成。

14.3.3   360安全卫士的安装

进入 360 官方网站，选择"电脑软件"→"电脑安全"，下载 360 安全卫士安装程序，如图 14-5 所示。

图 14-5   下载 360 安全卫士安装程序

下载的安装程序"inst.exe"是在线安装包，一般仅 3~4MB，运行后需联网进行 360 安全卫士的安装，如图 14-6 所示。

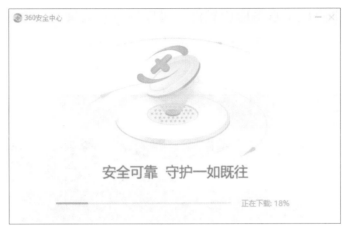

图 14-6　联网进行 360 安全卫士安装

在安装完成后会在桌面生成"360 安全卫士""360 软件管家"等快捷方式，如图 14-7 所示。

图 14-7　360 安全卫士安装完成

"360 安全卫士"用于系统管理以及安全防护，如图 14-8 所示。它包含"木马查杀""电脑清理""系统修复"和"优化加速"等功能，以及桌面管理、弹窗过滤等应用程序。

图 14-8　360 安全卫士

"360软件管家"则集成了众多应用软件，可以通过它安装如360杀毒软件、WPS Office、迅雷等大多数应用软件，同时也可以利用它对计算机现有的软件进行升级、卸载的管理，如图14-9所示。

360安全
卫士的安装

图14-9　360软件管家

14.4　维护与故障处理

故障现象： 计算机使用了一段时间之后系统运行缓慢。

解决方法：

（1）在安装应用软件的时候将默认路径修改为除C盘之外的其他硬盘分区。

（2）将各类应用软件的缓存路径设置在除C盘之外的其他硬盘分区上。

（3）基于最小化原则，在360安全卫士中合理设置开机启动项。

（2）养成定期清理、优化系统的良好习惯。

技能扩展

1. 利用360软件管家安装搜狗输入法、360浏览器、福昕PDF阅读器、压缩解压工具、QQ、微信等应用软件。

2. 利用360软件管家完成对已有应用软件的卸载。

习题与思考

一、单选题

1. 以下软件中属于常用应用软件的是（　　　　）。

A. Office　　　　　　　B. SQL Server　　　　　C. 网卡驱动程序　　　　D. Java 程序

2. 为了不影响系统性能，应用软件一般不建议安装在（　　　　）。

A. D 盘　　　　　　　B. E 盘　　　　　　　C. C 盘　　　　　　　D. F 盘

3. 目前应用软件的正确获取方法是（　　　　）。

A. 官网下载　　　　　B. 第三方平台下载　　　C. 盗版软件下载

二、多选题

1. 以下属于应用软件的有（　　　　）。

A. WPS Office　　　　B. Microsoft Office　　　C. 暴风影音　　　　　D. 迅雷

2. 卸载软件的方法有（　　　　）。

A. 通过控制面板卸载

B. 在安装文件目录中找到 uninstall 文件

C. 利用 360 软件管家卸载

3. 软件分为（　　　　）。

A. 安装版　　　　　　B. 绿色版　　　　　　C. 升级版

三、判断题

1. 鼓励使用正版软件。　　　　　　　　　　　　　　　　　　　　　　　（　　　）

2. 计算机应用软件安装越多越好。　　　　　　　　　　　　　　　　　　（　　　）

3. 软件版本越高越好。　　　　　　　　　　　　　　　　　　　　　　　（　　　）

四、简答题

安装应用软件需要注意什么？

项目 15

家用网络连接与设置

学习目标

知识目标

- 复述光调制解调器、路由器、光纤、网线基础知识。
- 概述网络配置的基本步骤。

技能目标

- 能够制作网线。
- 能够正确连接网络设备。
- 能够正确完成家用网络设置。

素质目标

- 培养学生动手操作的实干精神。
- 培养学生分析和解决问题的能力。
- 培养学生精益求精的工匠精神。
- 培养学生的职业规范和职业责任意识。
- 培养学生遵纪守法的自觉性。
- 培养学生的爱国情怀和改革创新意识。

15.1　项目内容及实施计划

15.1.1　项目描述

　　家庭宽带局域网的正确组建是保证计算机、手机等终端能正常上网的前提。本项目学习家庭宽带网络需要的调制解调器、路由器等设备知识，家庭宽带网络连接，路由器的管理账号和密码、上网账号和密码、有线局域网 IP 地址、无线局域网等的设置，为用户正常上网搭建环境。

15.1.2　项目实施计划

　　根据项目实施计划流程图，完成本项目的学习内容。

15.2　技能基础

15.2.1　光调制解调器

　　光调制解调器也称为单端口光端机，如图 15-1 所示。该设备采用大规模集成芯片，电路简单，功耗低，可靠性高，具有完整的告警状态指示和完善的网管功能，可进行基于 IP 地址的管理，适用于服务商提供光纤到户，通过光调制解调器把光信号转换成电信号（以太网信号），然后通过路由器连接用户端（手机、计算机）或者路由器。

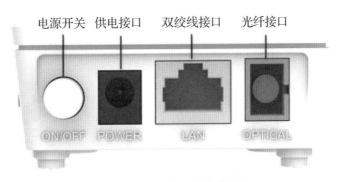

图 15-1　光调制解调器

15.2.2 路由器

路由器（Router）是连接两个或多个网络的硬件设备，在网络间起网关的作用，是读取每一个数据包中的地址，然后决定如何传送的专用智能性的网络设备，如图 15-2 所示。

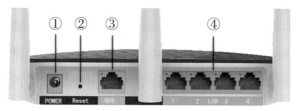

图 15-2　路由器

图 15-2 中的接口说明如下。

① POWER：路由器供电电源接口。

② Reset：路由器复位键，此按键用于还原路由器的出厂设置。

③ WAN：调制解调器（Modem）与路由器连接接口。

④ LAN1~LAN4：计算机与路由器的连接接口（用网线连接计算机与路由器）。

路由器的一个作用是连通不同的网络，另一个作用是选择通畅快捷的近路。路由器能大大提高通信速度，减轻网络系统通信负荷，节约网络系统资源，提高网络系统畅通率。

15.2.3 光纤

光纤是一种由玻璃或塑料制成的纤维，可作为光传导工具，利用交换机或其他终端转连接普通 RJ-45 网线并连接到计算机上，如图 15-3 所示。光纤按光在光纤中的传输模式可分为单模光纤和多模光纤两类。

15.2.4 网线

网线是连接局域网必不可少的配件，如图 15-4 所示。在局域网中常见的网线主要有双绞线、同轴电缆、光缆 3 种。双绞线由四对相互绝缘的导线绞合而成。

图 15-3　光纤

图 15-4　网线

双绞线端接有两种标准：T568A 和 T568B。双绞线的连接方法也主要有两种：直通线缆和交叉线缆。直通线缆的水晶头两端都遵循 T568B 标准，它主要用在交换机 Uplink 口连接交换机普通端口，或交换机普通端口连接计算机网卡。交叉线缆的水晶头一端遵循 T568A，而另一端则遵循 T568B 标准，即 A 水晶头的 1、2 对应 B 水晶头的 3、6，而 A 水晶头的 3、6 对应 B 水晶头的 1、2，它主要用在交换机普通端口连接到交换机普通端口，或网卡和网卡相连。

15.3　实战演练

15.3.1　硬件设备的连接

1. 制作双绞线

制作双绞线需要准备网线、水晶头、网线钳、测试仪等材料和工具。

步骤 1：用网线钳将网线两端的外皮剥去约 5cm 长，以 T568B 标准顺序将线芯撸直排序，如图 15-5 所示。

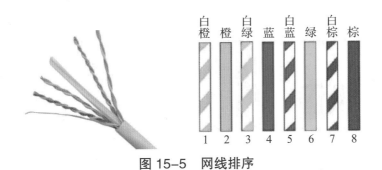

图 15-5　网线排序

步骤 2：将排序好的 8 种颜色线芯并排并拢且尽量撸直，留下一定的线芯长度，在约 1.5cm 处用网线钳剪齐，如图 15-6 所示。

步骤 3：将线芯插入 RJ-45 水晶头中，插入过程中保持力度均衡插到尽头。并且检查 8 根线芯是否已经全部充分、整齐地排列在水晶头里面，如图 15-7 所示。

步骤 4：将水晶头放入网线钳的压线槽中，用力压紧水晶头后抽出即可，如图 15-8 所示。

图 15-6　剪齐网线

图 15-7　线芯插入水晶头中

图 15-8　压水晶头

步骤 5：按以上步骤做好网线另一端的水晶头接口。两端都做好后，把网线的两端分别插到测试仪的两个接口上进行网线连通性测试，如图 15-9 所示。如果网线制作成功，两列指示灯按照 1、2、3、4、5、6、7、8 的顺序从上到下同步亮起，如果两列灯未同步亮，说明存在问题，应重新制作。

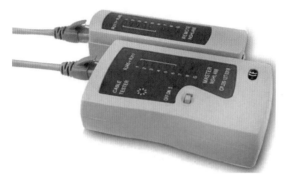

图 15-9　网线连通性测试

2. 网络设备连接

网络设备连接，首先确定光调制解调器、路由器的安装位置，一般光纤的接入主要由运营商从楼道弱电井将光纤接入家里的光调制解调器上。光纤接入光调制解调器后，用网线从光调制解调器的 LAN 接口连接到路由器 WAN 接口，再用另一根网线从路由器的 LAN 接口接入计算机网卡接口中，如图 15-10 所示。

图 15-10　家庭网络连接

15.3.2　网络配置

家庭宽带连接设置主要是对路由器进行配置，首先要有已经安装好 Windows 操作系统的计算机，然后通过计算机的浏览器登录路由器，最后根据需要开展各项配置。具体配置操作如下：

1. 查找路由器管理 IP 地址

首先利用 Windows+R 组合键打开"运行"对话框，输入命令"cmd"，如图 15-11 所示。按下回车键后进入命令提示符窗口，如图 15-12 所示。

图 15-11　输入命令"cmd"

图 15-12　进入命令提示符窗口

接着在命令提示符窗口中利用"ipconfig"命令查看 IP 地址信息，如图 15-13 所示。

图 15-13　利用"ipconfig"命令查看 IP 地址

通过查看得知本机的 IP 地址是"192.168.3.2"，网关 IP 地址是"192.168.3.1"，而在家庭网络环境中网关 IP 地址通常为家用路由器的管理 IP 地址。打开浏览器，在地址栏中输入"192.168.3.1"，即可打开路由器管理登录界面，如图 15-14 所示。

图 15-14　路由器管理登录界面

2. 配置上网账号和密码

输入登录密码（初始登录密码可在说明手册或路由器标签上查看），登录管理页面，找到上网设置（不同型号的路由器其位置有所不同），将"上网方式"设置为"宽带账号上网（PPPoE）"，同时将在运营商处获取的宽带账号和宽带密码输入其中，如图 15-15 所示。

图 15-15　输入宽带账号宽带和密码

3. 配置 Wi-Fi

进入路由器的 Wi-Fi 配置界面，如图 15-16 所示，新型号的路由器一般会有两项重要参数需要设置。

网络配置

图 15-16　Wi-Fi 配置界面

（1）信号模式选择。在新款路由器中一般会有 5GHz 或 2.4GHz 信号的选择，同等信号强度下 5GHz 信号传输速度更快，但是 2.4GHz 信号的穿透能力更强。因此，如果家庭居住面积较大，则选用 2.4GHz 信号，否则选用 5GHz 信号。

注意：大部分老款手机不支持 5GHz 信号，若路由器设置为 5GHz 信号会导致老款手机搜索不到 Wi-Fi 信号，出现这种情况请选择 2.4GHz 信号。

（2）Wi-Fi 名称及密码。设置 Wi-Fi 名称和密码，并将安全选项设置为安全度较高的"WPA2 PSK 模式"。

4. 计算机 Wi-Fi 上网配置

对路由器应用新设置的参数后路由器会重新启动，此时计算机需重新配置 Wi-Fi 的连接参数才能上网，单击任务栏网络图标，选择对应的 Wi-Fi 名称，并输入密码，如图 15-17 所示。

电脑Wi-Fi

5. 手机 Wi-Fi 上网配置

依次打开手机的"设置"→"WLAN"，此时手机会自动搜索出当前环境下的 Wi-Fi 信号，如图 15-18 所示。选择自己所建立的 Wi-Fi 名称，例如"cqvie"，并配置好 Wi-Fi 密码，即可实现手机连接 Wi-Fi 上网。

图 15-17　选择 Wi-Fi 名称并输入密码

手机Wi-Fi

图 15-18　手机连接 Wi-Fi

15.4　维护与故障处理

故障现象 1：家里的 Wi-Fi 被周围的用户蹭网，导致网速很慢。

解决方法：

（1）重新配置路由器的 Wi-Fi 名称和密码。

（2）检查手机上是否安装有"万能 Wi-Fi 钥匙"之类的软件，若有则先卸载再重新配置路由器的 Wi-Fi 密码，该类软件会将 Wi-Fi 密码上传至云端实现共享。

故障现象 2：计算机能上 QQ，但是无法打开网页。

解决方法：出现这种情况是因为当前计算机所选的 DNS 服务器出现了故障，依次打开"设置"→"更改适配器选项"，然后选择自己使用的无线网卡，单击鼠标右键，在弹出的快捷菜单中选择"属性"命令，如图 15-19 所示。

图 15-19　选择"属性"命令

在打开的"WLAN 属性"对话框中双击"Internet 协议版本 4（TCP/IPv4）"选项，如图 15-20 所示。

接着在弹出的对话框中修改当前计算机的 DNS 服务器地址，如图 15-21 所示。常用的 DNS 服务器地址有：115.115.115.114、61.128.128.68、61.128.192.68。

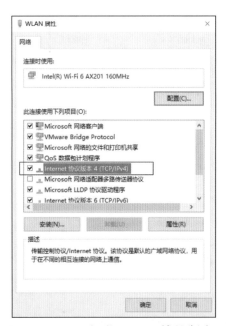

图 15-20　双击"Internet 协议版本 4
（TCP/IPv4）"选项

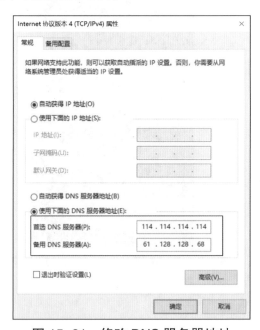

图 15-21　修改 DNS 服务器地址

技能扩展

1. 将计算机连接路由器，并进行上网设置。

2. 配置路由器无线网络，并保证手机能正常上网。

习题与思考

一、单选题

1. 家庭连接 Wi-Fi 时，应使用（　　　）设备。

A. 交换机　　　　　B. 光调制解调器　　　C. 普通路由器　　　D. 无线路由器

2. 家庭路由器与计算机之间连接采用（　　　）。

A. 双绞线　　　　　B. 同轴电缆　　　　　C. 光缆　　　　　　D. 光纤

3. 家庭宽带中，光纤入户应接入（　　　）。

A. 交换机　　　　　B. 光调制解调器　　　C. 路由器　　　　　D. 计算机

4. 制作双绞线需要的接头为（　　　）

A. RJ-45 水晶头　　B. RJ-11 水晶头　　　C. BNC 接头　　　　D. SC 接头

5. 目前家庭个人计算机连接 Internet 网的主要方式是（　　　）。

A. 局域网　　　　　B. 蓝牙　　　　　　　C. 宽带 ADSL　　　　D. 红外线

6. 能完成不同 VLAN 之间数据传递的设备是（　　　）。

A. 中继器　　　　　B. 交换机　　　　　　C. 网桥　　　　　　D 路由器

7. 在运行 Windows 操作系统的计算机中配置网关，类似于在路由器中配置（　　　）。

A. 直接路由　　　　B. 默认路由　　　　　C. 静态路由　　　　D. 动态路由

二、多选题

1. 建立家庭局域网需要的设备有（　　　）。

A. 光猫　　　　　　B. 无线路由器　　　　C. 集线器　　　　　D. 交换机

2. 制作一根 T586B 双绞线需要（　　　）。

A. 网线钳　　　　　B. 水晶头　　　　　　C. 网线　　　　　　D. 绝缘胶

3. 路由器上的网络接口主要有（　　　）。

A. WAN 接口　　　　B. 光口　　　　　　　C. LAN 接口　　　　D. POWER 接口

4. 家庭宽带上网多数都要使用宽带连接拨号设置写入（　　　）。

A. 自己起的用户名　　　　　　　　　　　B. 自己设置的密码

C. 运营商给的用户名　　　　　　　　　　D. 运营商给的密码

5. 可拨号上网，但无法打开 IE，或无法浏览网站（全部网站），可能的原因有（　　　）。

A. 操作系统有问题　　　　　　　　　　　B. DNS 服务器原因

C. IE 有问题，如版本太低　　　　　　　　D. 防火墙问题

6. 目前家庭网络常用的连接方式有（　　　）。

A. ADSL 连接　　　　B. 小区宽带　　　　　C. 有线宽频　　　　D. 4G 无线热点

三、判断题

1. 检测网线是否正常，使用测线仪检测。　　　　　　　　　　　　　　　　　　（　　　）

2. 光纤可以直接接入计算机网卡接口中。　　　　　　　　　　　　（　　）

3. 光纤接口可以用网线钳制作。　　　　　　　　　　　　　　　　（　　）

4. 交换机可以替代无线路由器连接无线网络。　　　　　　　　　　（　　）

5. 一间办公室两台计算机可以组成局域网。　　　　　　　　　　　（　　）

6. Wi-Fi 是一种无线网络连接技术，而不是无线网络。　　　　　　（　　）

7. ADSL 上网中，打电话会影响上网速度。　　　　　　　　　　　（　　）

8. 计算机没有内置无线网卡就无法共享 Wi-Fi。　　　　　　　　　（　　）

四、简答题

简述搭建无线网络的过程。

参考文献

［1］杨智勇．计算机组装与系统配置［M］．北京：人民邮电出版社，2018．

［2］唐宏．Linux 服务器配置与管理［M］．北京：水利水电出版社，2018．

［3］杨智勇，唐宏．计算机网络基础应用［M］．北京：中国水利水电出版社，2016．

［4］陈承欢．计算机组装与维护（第 2 版）［M］．北京：高等教育出版社，2019.10．